App Inventor 2

運算思維
行動應用 人工智慧

A Hands-On Guide to Mobile Programming with App Inventor 2

互動範例教本

感謝您購買旗標書，
記得到旗標網站
www.flag.com.tw
更多的加值內容等著您…

<請下載 QR Code App 來掃描>

● FB 官方粉絲專頁：旗標知識講堂

● 旗標「線上購買」專區：您不用出門就可選購旗標書！

● 如您對本書內容有不明瞭或建議改進之處，請連上
旗標網站，點選首頁的 聯絡我們 專區。

若需線上即時詢問問題，可點選旗標官方粉絲專頁
留言詢問，小編客服隨時待命，盡速回覆。

若是寄信聯絡旗標客服 email，我們收到您的訊息
後，將由專業客服人員為您解答。

我們所提供的售後服務範圍僅限於書籍本身或內
容表達不清楚的地方，至於軟硬體的問題，請直接
連絡廠商。

學生團體　訂購專線：(02)2396-3257 轉 362
　　　　　傳真專線：(02)2321-2545

經銷商　　服務專線：(02)2396-3257 轉 331
　　　　　將派專人拜訪
　　　　　傳真專線：(02)2321-2545

國家圖書館出版品預行編目資料

App Inventor 2 互動範例教本 Android/iOS 雙平台適用
第 5 版 / 蔡宜坦 著.--
臺北市：旗標，2022.03　面；公分

ISBN 978-986-312-698-0 (平裝)

1.行動電話 2.行動資訊 3.軟體研發

448.845029　　　　　　　　　110020702

作　　者／蔡宜坦

發 行 所／旗標科技股份有限公司

　　　　　台北市杭州南路一段15-1號19樓

電　　話／(02)2396-3257(代表號)

傳　　真／(02)2321-2545

劃撥帳號／1332727-9

帳　　戶／旗標科技股份有限公司

監　　督／陳彥發

執行企劃／陳彥發

執行編輯／陳彥發

美術編輯／蔡錦欣

封面設計／蔡錦欣

校　　對／陳彥發

新台幣售價：450 元

西元 2022 年 3 月 第五版

行政院新聞局核准登記-局版台業字第 4512 號

ISBN　978-986-312-698-0

本書學習地圖

用 Python 寫程式，
幫你實踐更多創意

App Inventor 2 互動範例
教本 Android/iOS 雙平台
第 5 版

用 Python 學運算思維

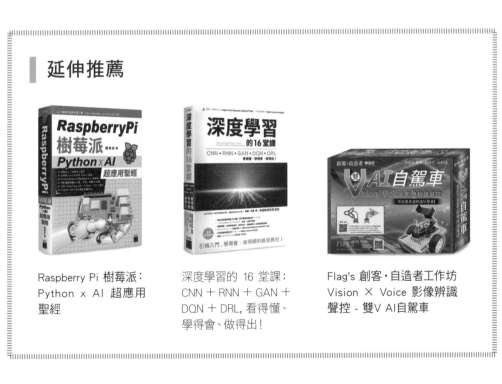

延伸推薦

Raspberry Pi 樹莓派：
Python x AI 超應用
聖經

深度學習的 16 堂課：
CNN ＋ RNN ＋ GAN ＋
DQN ＋ DRL, 看得懂、
學得會、做得出！

Flag's 創客‧自造者工作坊
Vision × Voice 影像辨識
聲控 - 雙V AI自駕車

改版序

　　MIT App Inventor 2 拋棄了複雜的程式碼而採用「積木式」的圖形化程式介面，克服在學習程式時會遭遇到的「語法錯誤」，讓初學者在學習過程中比較容易上手，進而專注在「運算思維」的實踐，非常適合非資訊相關科系的學生。

　　「運算思維」是一種解決問題的過程，是一種思考的模式，透過「問題拆解、模式識別、抽象化及演算法設計」等能力，透過程式實作來實現問題解決，書中範例就是導引初學者如何把「運算思維」實作成「程式碼」。

　　現代教育強調的是「素養導向」教學，培養帶得走的能力，當您學會「運算思維與程式實作」後，就可以將這些概念與自身的專業跨域結合，這也是許多大學都在「推廣資訊科技結合特定專業領域課程」的原因。

　　本書內容依程式觀念繪製流程圖，採「主題式教學」，循序漸進，由淺入深，輔以生活化的實例引導讀者學習，同時結合時下流行的 OPEN DATA、定位服務、電子書製作、Google API、人工智慧…等，培養能應用科技工具以解決問題的素養。

　　2021 年開始，App Inventor 2 也開始支援 iOS 了，真正實現了跨平台行動應用的成果，只是目前 iOS 在連線執行上還是有一些Bug，本書也會將實際測試結果一一補充於書中供您參考。

　　最後，感謝華夏科技大學智慧車輛系　梅振發教授與其他用書老師惠賜許多寶貴意見，讓本書改版得以順利完成。

蔡宜坦 謹致 2022/02

書附檔案說明

本書所有範例程式與相關素材，都可至以下網址下載：

```
https://www.flag.com.tw/bk/st/F2777
```

請依照網頁指示輸入正確的關鍵字即可取得檔案，也可以輸入 Email 註冊成會員，可額外下載 VIP 專屬 Bonus 資源。

App Inventor 2 Gallery 成果展示

本書所有範例也同時上傳到 App Inventor 2 官方的 Gallery 中，方便您可以直接測試範例成果。您可以先輸入以下幾個網址，直接連到範例的說明頁面：

```
https://www.flag.com.tw/Redirect/F2777/01
https://www.flag.com.tw/Redirect/F2777/02
https://www.flag.com.tw/Redirect/F2777/03
https://www.flag.com.tw/Redirect/F2777/04
https://www.flag.com.tw/Redirect/F2777/05
https://www.flag.com.tw/Redirect/F2777/06
https://www.flag.com.tw/Redirect/F2777/07
https://www.flag.com.tw/Redirect/F2777/08
https://www.flag.com.tw/Redirect/F2777/09
```

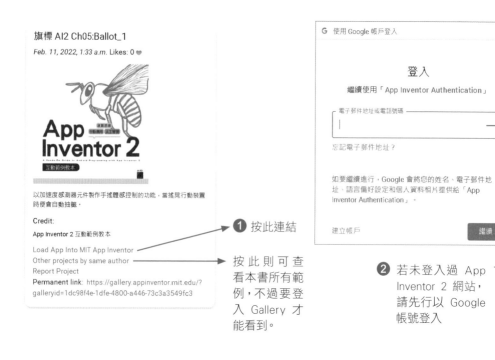

旗標 AI2 Ch05:Ballot_1

Feb. 11, 2022, 1:33 a.m. Likes: 0 ♥

以加速度感測器元件製作手搖體感控制的功能,當搖晃行動裝置時便會自動抽籤。

Credit:

App Inventor 2 互動範例教本

Load App Into MIT App Inventor
Other projects by same author
Report Project

Permanent link: https://gallery.appinventor.mit.edu/?galleryid=1dc98f4e-1dfe-4800-a446-73c3a3549fc3

❶ 按此連結

按 此 則 可 查看本書所有範例,不過要登入 Gallery 才能看到。

G 使用 Google 帳戶登入

登入

繼續使用「App Inventor Authentication」

電子郵件地址或電話號碼

忘記電子郵件地址?

如要繼續進行,Google 會將您的姓名、電子郵件地址、語言偏好設定和個人資料相片提供給「App Inventor Authentication」。

建立帳戶   繼續

❷ 若未登入過 App Inventor 2 網站,請先行以 Google 帳號登入

接著就會看到 App Inventor 2 的範例畫面。

　　登入後就可以直接看到 AI2 的範例內容。本書的範例其實不只 9 個,若要瀏覽完整的範例列表,需要登入 AI2 的 Gallery,請參閱第 1 章的說明。

目錄

12 chapter 雲端資料存取－課堂表決器範例

13 chapter 人工智慧 PIC 元件－猜拳辨識器

1

使用 App Inventor 2 開發行動 App

本章學習重點

- 認識 App Inventor 2

- 開發環境建置

- App Inventor 2 專案管理

- **畫面編排**與**程式設計**視窗

- 建立第一個 App 程式

- 打包及分享 App 專案

1-1 認識 App Inventor 2

App Inventor 原是 Google 實驗室的一個子計畫，是由美國麻省理工學院的媒體實驗室，根據 Scratch 圖形化程式平台所發展出來的 Android 雲端程式開發環境，簡單來說就是一個「**網頁版的圖形化程式開發系統**」，iOS 版本可以透過 App Store 下載「**MIT App Inventor**」這個 App，並參考 1-2 小節的「**連線至手機**」方式來模擬結果。

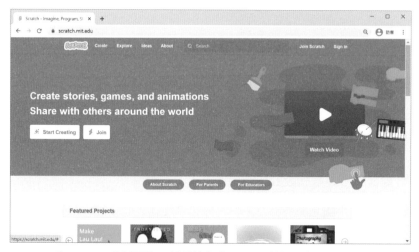

App Inventor 和 Scratch 系出同源，不過用途各有不同，目前都是由麻省理工學院負責維護

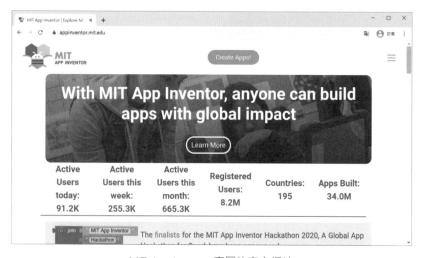

MIT App Inventor 專屬的官方網站

App Inventor 在 2010 年下半年推出後，就受到許多初學者的喜愛，提供一個簡單易上手、不需要 Java 程式基礎，人人都可以操作、實現個人創意的平台，目前廣泛應用於**個人 SOHO 族、互動設計工作室、學校課堂教學、科技教育、物聯網、人工智慧**等不同領域和場合。從推出到現在歷經許多次的改版與更新，比較重要的改變如下：

iPhone 使用者可以透過 App Store 下載「MIT App Inventor」，即可在手機上實作大部分功能 (部分功能尚無法正常運作)

● 2012 年 1 月 1 日 Google 將 App Inventor 移交給美國麻省理工學院 MIT 發展與維護，同時改名為「**MIT App Inventor**」。

● 2013 年 12 月 3 日 MIT 正式推出新版的「**App Inventor 2**」系統，簡稱「**AI2**」，將本來多個不同的開發視窗整合為同一個網頁畫面。

● 2014 年 11 月 20 日增加**繁體中文版**，造福對英文有恐懼的學習者。

● 2016 年 6 月 15 日加入**允許使用者自行開發 .aix 擴充檔**，同時**支援樂高機器人 NXT 與 EV3** 兩個版本，新增 **BLE (Bluetooth Low Energy) 元件**搭配 Arduino 101 板子做為物聯網控制。

● 2019 年 12 月 19 日刪除了 FusionTabelsControl 元件及增加多個感測器與垃圾桶功能。

● 2021 年 3 月 4 日在 App Store 發佈 MIT App Inventor 配套 app，供 iOS 裝置使用。

系統需求

App Inventor 2 屬於雲端開發環境，只要**透過瀏覽器**登入 App Inventor 伺服器就能開發 Android App，因此在系統需求上沒有太多限制，唯一要注意的是目前 Windows 內建的 IE 瀏覽器並不支援，須改用 Chrome、Firefox、Microsoft Edge 等其他瀏覽器。

作業系統	Windows：Windows XP，Windows Vista，Windows 7，Windows 10
	GNU/Linux：Ubuntu 8 以上，Debian 5 以上
	Macintosh (使用 Intel CPU)：Mac OS X 10.5 以上
瀏覽器	Mozilla Firefox 3.6 以上
	Google Chrome 4.0 以上
	Apple Safari 5.0 以上
行動裝置系統	Android 作業系統 2.1 以上的版本、iOS 作業系統 9.0 以上、macOS 11 以上 (使用 Apple M1 Silicon)

1-2 開發環境建置

先前提過，App Inventor 2 是透過瀏覽器來建構您的 App(s) 應用程式，因此開發上不需要做任何準備就可以開始動工，不過在您的 App 開發完成後，若想要驗證其效果，有下列 3 種方式，視自己設備及環境設定不同，選取最適合的方案來使用：

● **連線至手機**模擬。

● **連線至模擬器**模擬。

● **打包 apk 至手機**執行 (將在 1-6 節介紹)。

您有 Android、iOS 手機，而且有無線網路環境 (連線至手機)

若您手上有 Android 手機，**只要電腦和手機都連上同一部無線 AP**，就可以透過 Wi-Fi 快速將開發後的成果上傳到手機上模擬執行，這也是官方網站最建議的連線方式，使用上請您熟悉 1-3 節所介紹「登入 AI2 平台」的操作方式，再依下列步驟來設定：

1
Step 手機打開 Wi-Fi 並連至「**Play 商店**」，下載「**MIT AI2 Companion**」這個 App 程式，安裝並執行它，執行後畫面如下圖右邊所示。

iOS 則請下載、安裝「MIT App Inventor」，執行畫面如下 (名稱不同，但畫面跟 Android 版的一樣)：

2
Step

在 AI2 的瀏覽器畫面 (請參考 1-3 節) 中新增一個專案或自書附檔案中匯入如「**HelloPurr**」，再點選**連線/AI Companion** 連線至手機，如右圖所示。

如果發現模擬器，畫面和網頁不同，可以按下「**Refresh Companion Screen**」更新模擬器

3
Step

當出現下圖左邊畫面，請在手機上如步驟 1 圖所示 **Six Character Code** 欄位輸入 6 個字母，並按「**connect with code**」進行連線，等待約 10~20 秒後會出現模擬執行結果的畫面，如下圖右邊所示，如果您是新增專案的話，則畫面會是全白的。

TIP 也可按下步驟 1 圖中「**scan QR Code**」，直接掃描此處產生的 QR Code 進行連線。

4
Step

如果無法出現結果畫面，通常表示您手機的 IP 與您電腦所使用的 IP 不在同一網路區段。一般來說只要您的電腦及手機都用同一台 Wi-Fi 基地台就沒問題了，以下圖中紅框的 IP「**192.168.0.101**」來說，表示您電腦所使用 IP 的前 3 個數字必須跟它一樣，在 Win10 桌面左下角放大鏡的「在這裡輸入文字來搜尋」中輸入「**cmd**」指令後，再到 cmd 視窗輸入「**ipconfig**」查詢得知電腦 IP，如下圖畫面所示。

命令提示字元

Microsoft Windows [版本 10.0.19042.685]
(c) 2020 Microsoft Corporation. 著作權所有，並保留一切權利。

C:\Users\user>ipconfig

Windows IP 設定

乙太網路卡 乙太網路:

　　媒體狀態 . . . .: 媒體已中斷連線
　　連線特定 DNS 尾碼 . . . . :

不明的介面卡 區域連線:

　　媒體狀態 . . . .: 媒體已中斷連線
　　連線特定 DNS 尾碼 . . . . :

無線區域網路介面卡 區域連線* 1:

　　媒體狀態 . . . .: 媒體已中斷連線
　　連線特定 DNS 尾碼 . . . . :

無線區域網路介面卡 區域連線* 2:

　　媒體狀態 . . . .: 媒體已中斷連線
　　連線特定 DNS 尾碼 . . . . :

無線區域網路介面卡 Wi-Fi:

　　連線特定 DNS 尾碼 . . . . :
　　IPv4 位址 . . . . : 192.168.0.101
　　子網路遮罩 . . . .: 255.255.255.0
　　預設閘道 . . . .: 192.168.0.1

C:\Users\user>

您沒有任何的 Android、iOS 手機 (連線至模擬器)

如果您手上沒有任何 Android、iOS 手機，也可以改用**模擬器**直接在電腦上模擬出 Android App 的執行結果。使用上請您熟悉 1-3 節所介紹的「**登入 AI2 平台**」操作方式，再依下列步驟進行安裝，此處僅以 Windows 作業系統做說明：

TIP 要注意模擬器無法模擬手機所有功能，像是會使用到感測器、條碼的程式，在模擬器上就無法測試。

1
Step
安裝 AI2 的安裝軟體，請至 http://appinv.us/ aisetup_windows 下載最新版的安裝程式，安裝過程中記得勾選 Desktop Icon，完成後在電腦的桌面上會有一個 **aiStarter** 圖示，如右圖所示。

TIP 如果您已經用過前一版的 App Inventor，您必須先移除舊版的 App Inventor Setup 程式，然後再下載新版的安裝程式後進行安裝，才不會有無法模擬的問題。

2
Step
當電腦重新開機時，您必須自行啟動 aiStarter，該程式會縮小在工作列上，此時您可以點選它觀看 (通常是執行後不用理它)，如下圖所示，如欲結束程式請**務必按** ⟨Ctrl⟩ + ⟨C⟩ **來離開這個視窗**，以免程式殘留在記憶體中，影響模擬器執行。

3
Step
到 AI2 的瀏覽器畫面中點選**連線/模擬器**連線至模擬器，如果出現「**檢查 AI Companion 程序版本**」表示您需依照 1-7 節的內容進行更新。

如果發現模擬器，畫面和網頁不同，可以按下「Refresh Companion Screen」更新模擬器

4
Step
此時在 AI2 視窗中會出現如下圖上方的視窗，同時在 aiStarter 視窗也會出現連線的訊息，如下圖下方所示。請您耐心等待畫面的「**正在啟動 Android 模擬器**」、「**AI Companion 程序啟動中**」…等訊息，約 1~2 分鐘後，會在模擬器上出現模擬結果的畫面，要特別留意的是在等待時是無法做任何動作的。

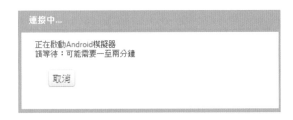

```
aiStarter                                                    _ □ ×
127.0.0.1 - - [24/Dec/2013 10:57:13] "GET /start/ HTTP/1.1" 200 0
127.0.0.1 - - [24/Dec/2013 10:57:13] "GET /echeck/ HTTP/1.1" 200 38
127.0.0.1 - - [24/Dec/2013 10:57:14] "GET /echeck/ HTTP/1.1" 200 38
127.0.0.1 - - [24/Dec/2013 10:57:15] "GET /echeck/ HTTP/1.1" 200 38
127.0.0.1 - - [24/Dec/2013 10:57:16] "GET /echeck/ HTTP/1.1" 200 38
127.0.0.1 - - [24/Dec/2013 10:57:17] "GET /echeck/ HTTP/1.1" 200 38
127.0.0.1 - - [24/Dec/2013 10:57:18] "GET /echeck/ HTTP/1.1" 200 38
127.0.0.1 - - [24/Dec/2013 10:57:19] "GET /echeck/ HTTP/1.1" 200 38
127.0.0.1 - - [24/Dec/2013 10:57:20] "GET /echeck/ HTTP/1.1" 200 38
127.0.0.1 - - [24/Dec/2013 10:57:21] "GET /echeck/ HTTP/1.1" 200 38
127.0.0.1 - - [24/Dec/2013 10:57:22] "GET /echeck/ HTTP/1.1" 200 38
127.0.0.1 - - [24/Dec/2013 10:57:23] "GET /echeck/ HTTP/1.1" 200 38
127.0.0.1 - - [24/Dec/2013 10:57:24] "GET /echeck/ HTTP/1.1" 200 38
127.0.0.1 - - [24/Dec/2013 10:57:25] "GET /echeck/ HTTP/1.1" 200 38
127.0.0.1 - - [24/Dec/2013 10:57:26] "GET /echeck/ HTTP/1.1" 200 38
127.0.0.1 - - [24/Dec/2013 10:57:27] "GET /echeck/ HTTP/1.1" 200 38
127.0.0.1 - - [24/Dec/2013 10:57:28] "GET /echeck/ HTTP/1.1" 200 38
127.0.0.1 - - [24/Dec/2013 10:57:29] "GET /echeck/ HTTP/1.1" 200 38
127.0.0.1 - - [24/Dec/2013 10:57:30] "GET /echeck/ HTTP/1.1" 200 38
127.0.0.1 - - [24/Dec/2013 10:57:31] "GET /echeck/ HTTP/1.1" 200 38
127.0.0.1 - - [24/Dec/2013 10:57:32] "GET /echeck/ HTTP/1.1" 200 65
Device = emulator-5554
127.0.0.1 - - [24/Dec/2013 10:58:01] "GET /replstart/emulator-5554 HTTP/1.1" 200
0
```

如果出現如下圖表示您的 aiStarter 尚未啟動，請在桌面找到 **aiStarter** 圖示點選啟動它，或從「**開始/所有程式/MIT App Inventor Tools/aiStarter**」啟動。

1-3 App Inventor 2 專案管理

App Inventor 2 是一個網頁版的開發工具，使用上是透過瀏覽器連上 AI2 的伺服器，即可開發 App 程式，不過為了保存您的開發成果，AI2 會要求您使用 Google 帳號來登入系統。以下就為您說明 App Inventor 2 從登入到建立專案的操作。

申請 Google 帳號

登入 AI2 之前您必須擁有一個 Google 帳號，如果您已經擁有，請跳過此段內容，若尚未擁有的話，請依下列步驟來進行申請：

1 | 進入 Google 網頁 (www.google.com.tw)，點選右上角「**登**
Step | **入**」。

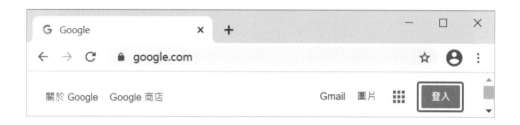

2 | 在登入畫面中點選底下的「**建立帳戶 / 建立個人帳戶**」。
Step |

3
Step

將下列各項資料填寫後,再按「**繼續**」。

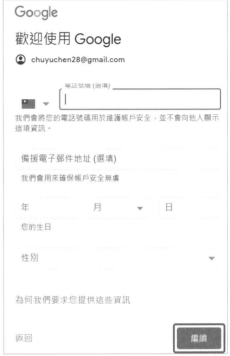

4
Step

在出現「**隱私權與條款**」畫面後,按「**我同意**」即可完成註冊。

登入 AI2 雲端平台

當您申請好 Google 帳號時，即可以此帳號來登入 AI2：

1 **Step** 請在瀏覽器的網址列輸入「**https://appinventor.mit.edu**」後，在視窗上點選「**Create Apps!**」，如下圖所示。

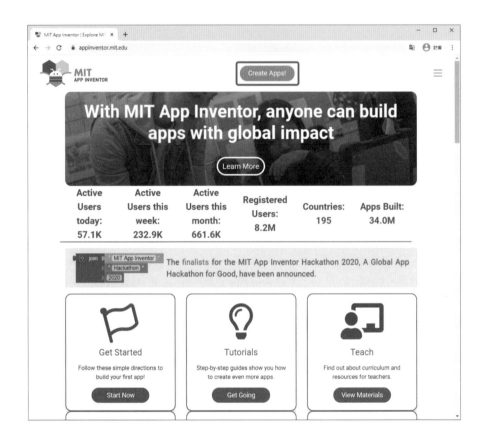

2 **Step** 請用您申請好的 Google 帳號來登入，輸入「**電子郵件地址**」及「**密碼**」即可登入 Google 帳戶。

3 **Step** 接下來會出現 MIT App Inventor 的隱私政策和使用條款，閱讀完後您只需按最底下的「**I accept the terms of service!**」。

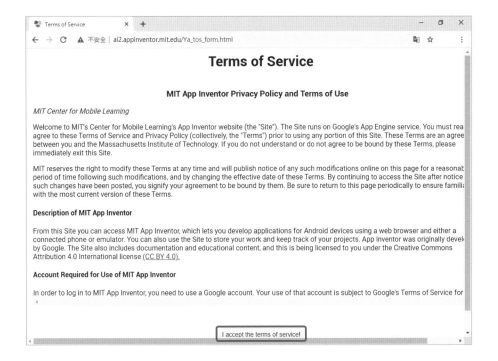

 4 Step
登入成功後會自動切換至 AI2 的系統，出現歡迎訊息視窗，請直接按下「**Continue**」，即可進入到教學畫面，請按「**CLOSE**」關閉。

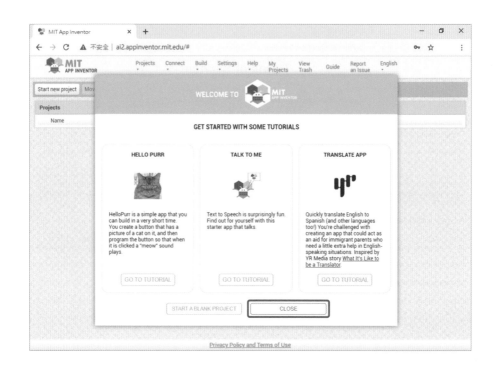

5
Step

如果您是第 1 次使用 AI2 系統，請點選「**Start new project**」新增一個「**HelloPurr**」專案，如下圖左邊所示；如果您已經使用過了，則它會自動載入上一次專案的內容，如下圖右邊所示。

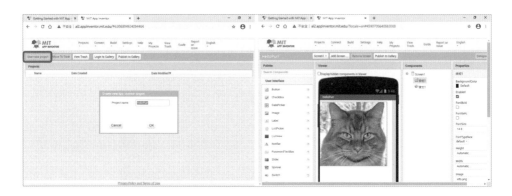

6
Step

到目前為止，您所看到的 AI2 仍是英文版的，這是預設值，如果您要切換至其他語言，則在下圖右上方的 **English** 處，點選「**繁体中文**」即可進入，從選項中您可看到有「**英文、西班牙、法文…簡体中文、繁體中文（正體中文）**」等語言。

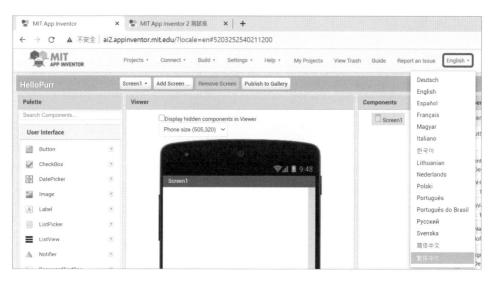

7
Step

當您在 AI2 視窗中或點選「**我的專案**」功能時，都可透過「**專案**」功能表進行專案管理的操作，其功能解說如下：

● **新增專案**：新增一個專案，其檔名命名規則為必須是英文字母開頭，其後可以是數字或英文字或底線。

TIP 請注意！App Inventor 目前不支援中文字元的專案名稱，或許未來會支援。

- **匯入專案 (.aia)**：匯入一個專案，副檔名必須為 .aia。

TIP 書附檔案中有各章節的 AI2 範例，您可以透過此功能直接匯入現成的專案。

- **匯入範例專案 (.aia)**：匯入本書的範例他人分享的專案，副檔名必須為 .aia。

- **刪除專案**：將選取的專案刪除，可以是一個或多個，刪除後會丟進垃圾桶，可以透過「**View Trash**」還原或永遠刪除。

- **儲存專案**：將現在的設計內容依原檔名存檔 (通常 AI2 雲端平台會自動儲存)。

- **另存專案**：將現在的設計內容另存成新的專案名稱。

- **檢查點**：功能大致與另存專案一樣，儲存後不會馬上切換到新的畫面，只會在專案中新增指定的檔案名稱。

- **導出專案 (.aia)**：匯出一個專案檔，一次只能匯出一個，其檔案副檔名為 .aia。

- **導出所有專案**：匯出所有的專案，其檔案副檔名為 .zip。

至於最後 3 個功能表項目**上傳金鑰**、**下載金鑰**、**刪除金鑰**，是早期上架「**Play 商店**」會使用到，現在可以不用了。

 App Inventor 2 的 Gallery 功能

在**我的專案**頁面有一個比較沒人注意到的 Gallery 功能，是 App Inventor 官方提供給所有用戶，用來分享個人專案的頁面。未來若您有得意的專案，就可以上傳到 Gallery 中讓大家都能直接參考您的設計作品。

要完整使用 Gallery 功能需要先行登入 (Login in)：

Next

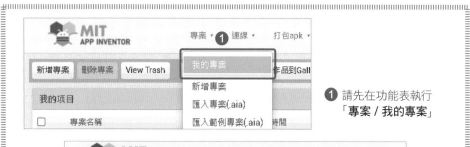

❶ 請先在功能表執行
「專案 / 我的專案」

❷ 點選 Login to Gallery 鈕
❸ 完成登入後，日後若有作品要分享，請勾選一個專案再按此鈕
❹ 下方是您目前在 App inventor 2 上的專案，若是剛接觸 AI2 的
讀者，此處應該只會有前兩頁才建立的 HelloPurr 一個專案

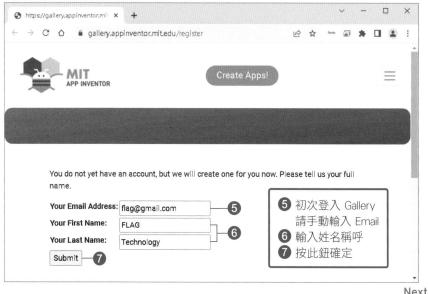

❺ 初次登入 Gallery
請手動輸入 Email
❻ 輸入姓名稱呼
❼ 按此鈕確定

Next

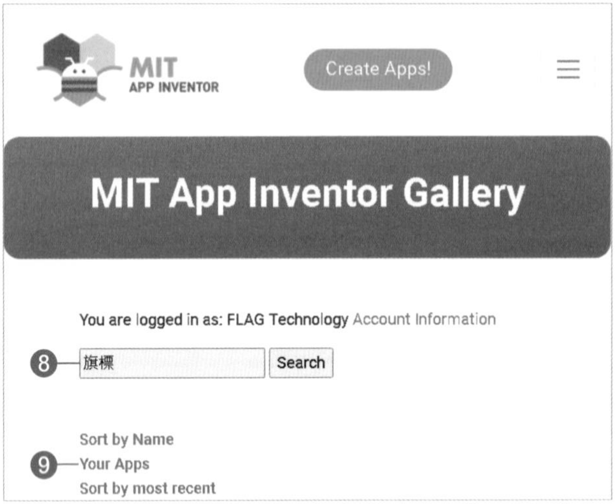
MIT
APP INVENTOR
Create Apps!
MIT App Inventor Gallery
You are logged in as: FLAG Technology Account Information
8
旗標
Search
Sort by Name
9
Your Apps
Sort by most recent

❽ 登入後可利用搜尋功能，找到本書分享的所有範例
❾ 日後若有分享作品到 Gallery，可按連結檢視自己的作品

1-4 畫面編排與程式設計視窗

當您進入 AI2 時，會發現**畫面編排**視窗與**程式設計**視窗，兩者是整合在同一個瀏覽器的視窗內，底下就分別來說明這兩個畫面：

畫面編排視窗

在畫面編排的視窗中，它總共分為「**元件面板**」、「**工作面板**」、「**元件清單**」、「**元件屬性**」及「**素材**」等五個框架，如下圖所示，其用途如下說明：

TIP 中文翻譯常會因系統更新而有所不同，如「元件」有時可能變成「組件」，請比對一下畫面上的相對應位置。

❶ **元件面板**：根據 App 設計需求，選取不同類別的元件拖曳至工作面板視窗內，共分成**使用者介面、介面配置、多媒體、繪圖動畫、地圖、感測器、社交應用、資料儲存、通訊**，以及**樂高機器人®、測試性**以及 **Extension** 等 12 類元件，除樂高機器人以外其餘後續章節會陸續介紹。

❷ **工作面板**：顯示您拖曳元件在手機上呈現的結果。

❸ **元件清單**：以列表方式顯示您拖曳的各個元件。

❹ **元件屬性**：設定元件的屬性如顏色、大小、圖案…等。

❺ **素材**：用來上傳多媒體檔案如圖片、聲音…等。

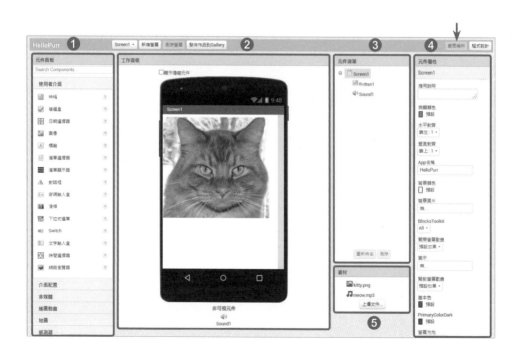

程式設計視窗

　　在程式設計的視窗中，總共分為「**方塊**」、「**工作面板**」、「**素材**」等三個框架，如下圖所示，操作時是將方塊框架中的程式指令「**拖曳**」至工作面板框架內組合出所需的功能，其用法如下說明：

TIP 提醒留意翻譯差異，此處「內件方塊」(沿用翻譯錯字) 可能是翻成「內置塊」。

❶ **方塊**：包含內建 8 類**內件方塊**、拖曳放在畫面編排畫面中的元件，以及進階用法的任意元件等 3 個部份。

❷ **工作面板**：根據 App 設計的需求，將方塊內的程式指令拖曳至此以組合出您所要的功能，右上角是一個**背包** (BackPack) 的功能，用來在不同螢幕或專案之間進行程式碼的複製與貼上；右下角為**垃圾桶**，把程式指令移至此處即可刪除。同時也可搭配按鍵 `Ctrl` + `C` (複製)、`Ctrl` + `V` (貼上) 及 `Delete` (刪除) 來使用，也可在指令積木處按右鍵，選「複製程式方塊、增加註解…」等功能，如下圖所示。另外在工作面板空白處按右鍵，可以選「**撤銷（取消動作）**」來還原剛剛的動作，「**重做（再次動作）**」則可重複前一次的動作。

❸ **素材**：用來上傳多媒體資料，如圖片、聲音…等。

App Inventor 2 開發流程

此處我們先說明 App Inventor 2 的開發流程，稍後我們再以一個實際專案示範開發操作方式：

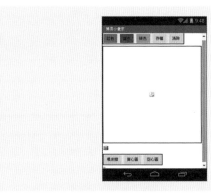

❶ **畫面編排**

在**畫面編排**視窗中拖曳擺放程式所需的操作介面與功能元件。

❷ **程式設計**

在程式設計視窗中將各種代表變數、邏輯、流程迴圈或方法指令的積木圖案，組合成您所需要的程式行為與功能。

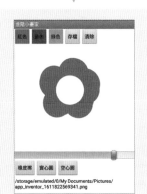

❸ **驗證執行**

透過模擬器或是直接在手機上安裝測試程式功能。

1-5 第一個 App 程式 (HelloPurr.aia)

接著我們就以官方提供的教學範例
HelloPurr.aia 來當成您入門的第一個 App
Inventor 程式。程式功能是當使用者觸摸或點
選貓咪的照片時，會發出喵的叫聲，如右圖所
示。

畫面編排

在 App Inventor 2 中開發專案，第一步就是要在畫面編排視窗中，
從元件面板內拖曳您所需要的元件並完成屬性設定，建立 App 的操作畫
面：

1
Step
登入 AI2 後，在專案功能表中，按「**新增專案**」，輸入「**HelloPurr**」
後再按「**確定**」鈕，建立一個新的專案 (如果 1-3 小節已有新增，
此步驟可忽略)。

2
Step
將**元件面板/使用者介面/按鈕**元件拖曳至 Screen1 內，同時設定元
件屬性/圖像/上傳文件.../書附檔案內 ch01 的 **kitty.png**，選擇圖片
後按下**確定**，**元件屬性/文字**清除為空白，以秀出貓咪的照片。

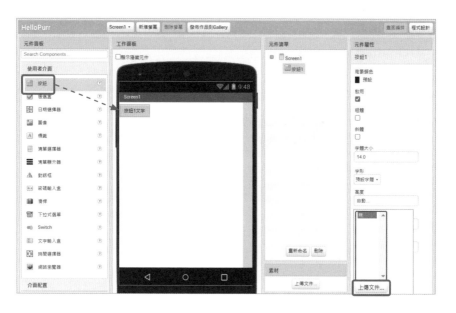

3
Step
將**元件面板/多媒體/音效**元件拖曳至 Screen1 內，注意音效
1 是**非可視元件**，只會出現在 Screen1 視窗底下的**非可視元
件**，同時在元件屬性框架內設定屬性**來源/上傳文件…/**書附檔案
內 ch01 的 meow.mp3，選擇後按下**確定**表示音效1 元件設定的音
效為「喵」的聲音。

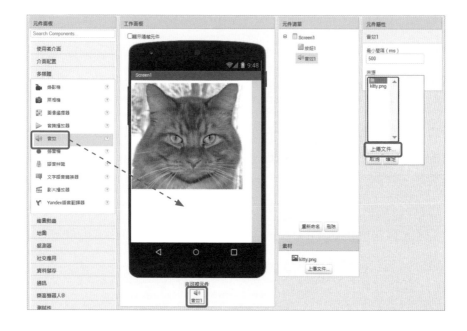

4
Step

點選元件清單框架內的 Screen1 後，在**元件屬性/標題**修改成 **HelloPurr**，完成如下圖所示。

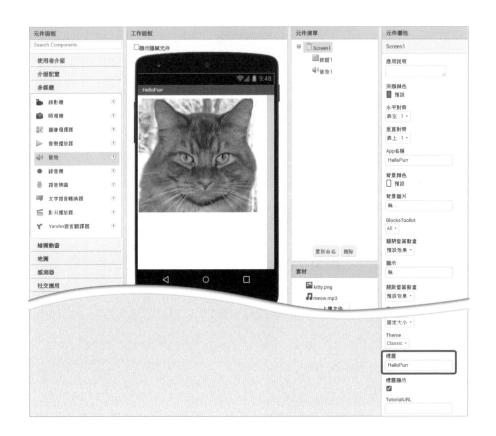

程式設計

建立好應用程式的畫面後，接著再到**程式設計**視窗中，將各種代表程式邏輯的積木元件，組合出您所需要的程式行為或功能。要注意此處能使用的積木，除了內件方塊外，還取決於在**畫面編排**視窗中放置了哪些元件，每種元件各自會有專屬的**指令** (通常為綠色)、**方法** (通常為紫色) 及**事件** (通常為黃土色) 積木，每個積木有不同形狀及顏色，方便您的辨認與組合：

1 Step

Screen1/按鈕1/當按鈕1.被點選…執行事件拖曳至工作面板視窗。

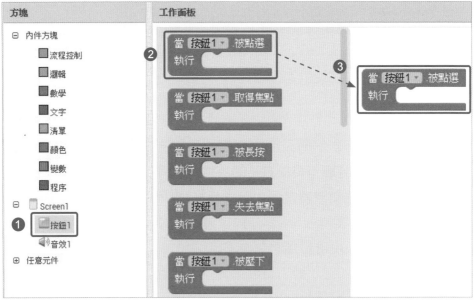

2 Step

Screen1/音效1/呼叫音效1.播放 (不要選到呼叫音效1.暫停) 方法拖曳至當按鈕1.被點選…執行事件內,完成後如下圖右邊所示,黃土色和紫色積木會組合在一起。

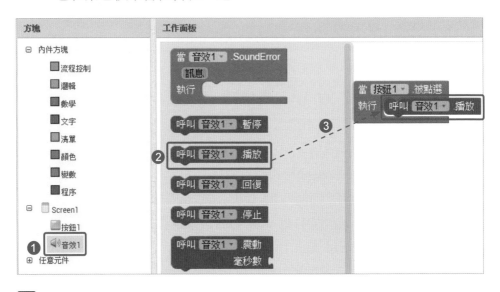

TIP 當積木組合在一起時,會出現 "搭!" 的聲音。

程式說明

　　完成上述步驟後，畫面上所產生積木就是本範例的程式碼，這段程式碼的作用為：當手指按下按鈕 1 貓咪的照片後，會觸發當按鈕1.被點選…執行事件，此時執行呼叫音效1.播放方法來播放喵的聲音。

▌驗證執行

　　您可以參照 1-2 節的說明來選擇連線的方式，底下我們以「**連線至模擬器**」的步驟加以介紹。首先到 AI2 的瀏覽器畫面中點選**連線/模擬器**連線至模擬器，等待約 1~2 分鐘後會出現如右的畫面，您可以用滑鼠觸摸貓咪的照片，看看是否會發出**喵**的叫聲，請不要點選到下半段有字 (如 Stop this…) 的圖案，以免影響模擬結果。

　　如果無法發出聲音，請先確認設備的音量是否開啟，接著到**畫面編排**視窗，檢查音效元件是否設定 meow.mp3，最後檢查**程式設計**視窗程式碼是否都有撰寫完成。

1-6 打包及分享 App 程式

　　當我們開發及測試好的 App，希望傳送給朋友來安裝時，可以透過 App Inventor 2 的**打包 apk** 功能表來建立安裝檔 (.apk)，Android 裝置其執行檔格式為 .apk，任何一台 Android 手機都能將其安裝與執行。此處提供兩種打包的方式，從**打包 apk** 功能表來選擇，一為 **Android App (.apk)**；另一為 **Android App Bundle (.aab)**，自 2021 年 8 月起，在 Google Play 新發佈的所有應用程式都必須採用這個格式，如果沒有要上架到 Google Play，建議選擇 apk 檔案相容性比較好，如下圖所示：

打包 apk 下載到手機

從**打包 apk** 功能表點選 **Android App(.apk)**，經過一段時間的編譯後，如下圖左邊的執行進度顯示，會出現如下圖右邊的二維條碼，使用者可將此條碼用手機掃描後下載及安裝到手機上，但要注意的是，這個方式只有 2 個小時的作用，必須在時間內掃描 QR Code 才行，超過時間就得重新再操作 1 次，您可以在 2 小時內把 QR Code 的圖 Email 或 Line 給您的好友，進行掃描及下載安裝 apk。如果已經下載卻無法安裝，通常是「未知的來源」沒有勾選，或者有其他程式影響，如藍色光濾波器、防毒軟體…等等。

打包 apk 下載到電腦

在右上圖點選左邊 **Download .apk now**，將安裝檔 apk 下載至電腦的「**下載**」資料夾中，如下圖所示。將 .apk 檔下載至您的電腦中之後，您可以直接將此檔案透過 Email、Line 分享或上傳至雲端硬碟上，讓好友們一起分享您的開發成果。

1-7 AI Companion 更新

　　請注意 AI Companion 每隔一段時間就會有更新的版本，手機可以透過 Play 商店自動更新，電腦上的模擬器則在 AI2 瀏覽器視窗中選取「**幫助/更新 AI Companion**」或當您操作時出現如下畫面時，就表示需更新了，其步驟如下。

1
Step

按下「**確定**」鈕即可開始更新，若不想立即更新也可先按「**現在不**」略過。

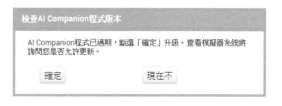

2
Step

接下來會出現底下「**軟體升級**」畫面，只需按下「**升級完成**」，同時提醒您最後完成時請選擇「**完成**」，不要選「**開啟**」。

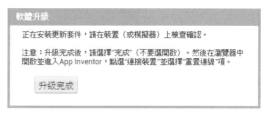

3
Step

在您的模擬器中會出現如下畫面，您只需要依序按下「**OK**」、「**Install**」、「**Done**」即可透過「**CompanionUpgradeHelper**」下載「**MIT AI2 Companion**」。

使用 App Inventor 2 開發行動 App

4

接下來執行在模擬器內「**MIT AI2 Companion**」，您只需要依序按下「**OK**」、「**Install**」、「**Done**」即可。

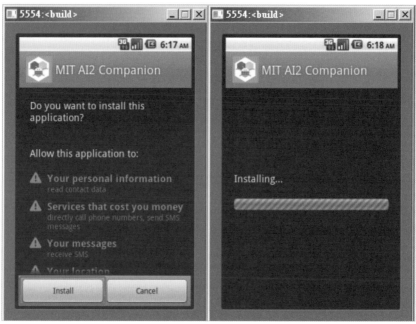

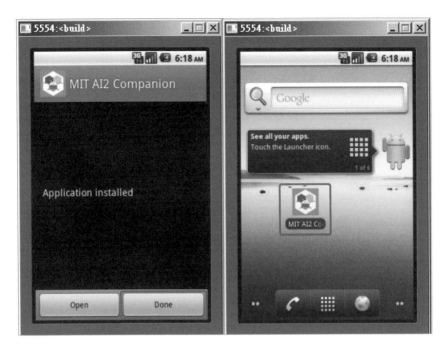

5 接下來安裝在模擬器內「**MIT AI2 Companion**」。
Step

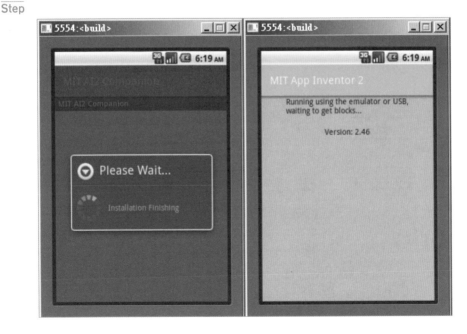

6 更新完成後,請在 AI2 的瀏覽器畫面中點選**連線/重置連線**後,再
Step 點選**連線/模擬器**重新連線至模擬器。

1-8 打包至其他模擬器

MIT App Inventor 2 所提供的模擬器一直以來都有「無法正常啟動」、「閃退」或「不同步」等的現象，因此許多 AI2 的愛好者都會以其他 Android 模擬器來替代，目前市面上常見的模擬器有：

❶ NOX 夜神模擬器

❷ BlueStacks 模擬器

❸ Andy 模擬器

❹ 雷電模擬器

❺ 海馬模擬器

❻ MEMU 逍遙模擬器⋯等

底下我們以網友最推薦的 2 個模擬器來介紹，一個是「夜神模擬器」，另一個是「BlueStacks 模擬器」。

夜神模擬器

1
Step
根據台灣官網 (https://tw.bignox.com) 說明：夜神數娛有限公司 (Nox Limited) 由一群生活在香港的志同道合的極客創辦，提供 20 種不同語言的服務，連結安卓、支援 Windows 與 Mac。請點選「**立即下載**」下載夜神模擬器。

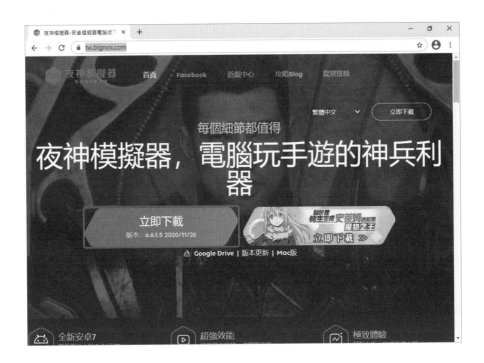

2 **Step** 下載完成後點選「**nox_setup_vx.x.x.x_full_intl.exe**」執行,再點選「**立即安裝**」進行安裝,完成後按「**安裝完成**」進入系統。

3
Step

請略過說明後，在 Google Play 畫面點選「**立即登錄**」或「**稍後登錄**」都可。

4
Step

點選右上角的「**系統設定**」，將「**效能**」的解析度設定改為「**手機版/540×960**」，再按「**保存設定**」完成設定，接著按下「**立即重啟**」即可改成手機畫面。

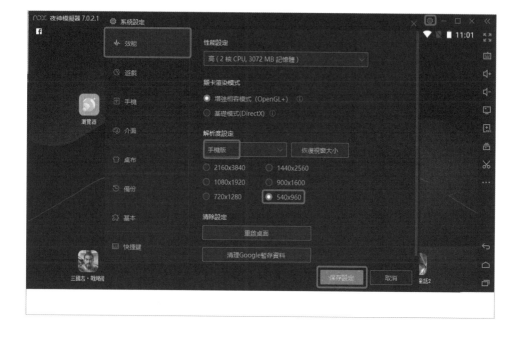

5
Step

接下來您需要到 App Inventor 2 點選「**打包apk/打包apk並下載到電腦**」，在您電腦的「**下載**」資料夾內會出現 *.apk 之檔案，請直接按兩下即可執行。

6
Step

如果想要解除安裝這個 App，可以先按上圖的「**返回**」鈕，接著長按剛剛安裝的 App，出現選單後點「**解除安裝/確定**」即可解除。

TIP 每次載入模擬器都要花費好幾分鐘，請耐心等候。

BlueStacks 模擬器

1
Step
台灣官網 (https://www.bluestacks.com/tw) 指出：
BlueStacks 在 2011 年創立，來自美國矽谷，曾經得過 CES 大
獎，支援 Windows、Mac 系統，全球超過 1 億 3 千萬人使用。請
點選「**下載 BlueStacks 10**」或「**BlueStacks 5**」均可。

2
Step
下載完成後點選
「**BlueStacksinstaller_**
xxxx.exe」執行，再點
選「**立即安裝**」進行安
裝，完成後進入系統。

3
Step
在 Google Play 畫面點選「**稍後再做**」或「**登入**」都可。

4
Step
點選右下角的設定,將「**顯示**」的畫面解析度設定改為「**直向 / 540×960**」,再按「**保存更改**」完成設定,接著按下「**立即重啟**」即可改成手機畫面。

5
Step
接下來您需要到 App Inventor 2 點選「**打包apk/打包apk並下載到電腦**」,在您電腦的「**下載**」資料夾內會出現 *.apk 之檔案,請直接按二下即可安裝。

6
Step
和「**夜神模擬器**」不同之處為您必須自行切換到 BlueStacks 模擬器，點選首頁圖示 🏠 回到「**桌面**」就會看到安裝好的 App，請點選二下來執行。

7
Step
如果想要解除安裝這個 App，可以先按上圖的「**返回**」鈕，接著長按住剛剛安裝的 App，出現選單後點「**解除安裝/確定**」即可解除。

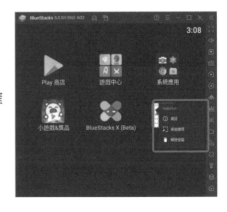

課後評量

1. (　　　) Android 裝置的執行檔格式為 .apk。

2. (　　　) App Inventor 2 的專案檔，其副檔名為 .zip。

3. (　　　) 使用「連線至手機」模擬結果，只要可以上網即可，連到哪個無線 AP 都沒關係。

4. (　　　) 在專案管理視窗的「金鑰」是早期上架至 GooglePlay 商店要使用的。

5. (　　　) 在程式設計視窗中工作面板框架撰寫程式，是不能用鍵盤來操作的。

6. (　　　) App Inventor 2 是透過瀏覽器來建構 App，並可以隨時儲存工作專案。

7. (　　　) 任何人只要建立 Google 帳號就可以使用 App Inventor 來撰寫 App。

8. (　　　) 打包的 .apk 檔只能自己使用，不能分享給其他人。

9. 請說明 App Inventor 2 的「連線」及「打包 apk」功能表的執行結果差異。

10. 請將貓咪的照片換成您個人的照片，同時上網 Google 一下您想放置的 mp3 聲音檔，並將它替換掉原來的 meow.mp3，看看執行的效果如何？

MEMO

CHAPTER

基本元件以及事件、 方法使用－小鋼琴範例

本章學習重點

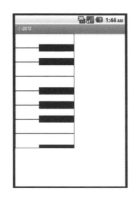

- 名詞介紹
- 音效元件
- 按鈕元件
- 常數

課前導讀

基本小鋼琴的概念是延伸第 1 章中的範例 HelloPurr.aia 而來，第 1 章我們利用按鈕元件做出可觸控的圖片、利用音效元件彈奏出所需的音效，讓使用者可以觸控螢幕上的貓而發出叫聲，本章要把貓的圖片改成鋼琴琴鍵，貓的叫聲改成 Do、Re、Mi…等音效，做成基本的小鋼琴 App。

而進階的小鋼琴則是利用**按鈕**元件的**被壓下**事件、**被鬆開**事件及設定**圖像**屬性再加上**音效**元件，當按下琴鍵時圖片會變色，同時播放對應的音效，放開後變回原來的圖片，做出有視覺互動的動態效果。請設計一個小鋼琴 App，至少要有 8 個琴鍵，分別為 Do、Re、Mi、Fa、So、La、Si、高音 Do 等 8 個音階，按下琴鍵要有動態效果，如變色或凹下去的感覺，並發出相對應的音效。

2-1 App Inventor 元件介紹

元件

    設計 **App** 應用程式的最小單位就叫做元件，用以組成應用程式的基本功能，如**按鈕、標籤、文字輸入盒**…等，位置在「畫面編排」視窗左邊「元件面板」框架內，如下圖框起所示。

    使用時是將左邊元件面板框架內的元件(如按鈕)，拖曳至中間的**工作面板**框架 **Screen1** 內，然後在**元件屬性**框架內設定屬性，最後在「**程式設計**」視窗內撰寫相對應的程式碼或流程控制。

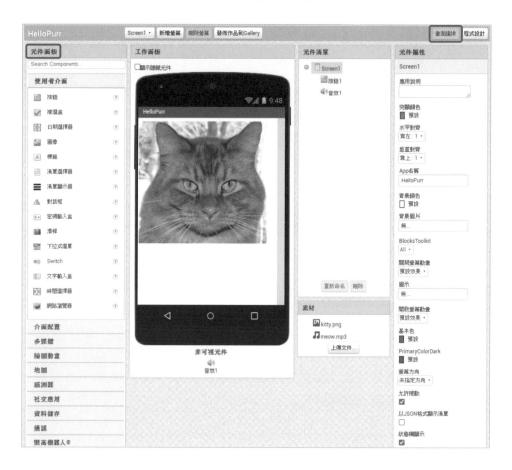

屬性

用來描述元件的特性就叫做**屬性**，例如按鈕 1 元件內的字體大小、圖像、文字…等等，都是屬性。其位置在「**畫面編排**」視窗最右邊**元件屬性**框架內，如下圖所示，使用時須先點選**元件清單**框架內的元件清單或**工作面板**框架內的元件，比方說點選**按鈕 1**，再到右邊**元件屬性**框架內設定所需的屬性，如背景顏色、字體大小、圖像、文字…等等。

TIP 為了方便讀者的閱讀，我們會將內容中有使用到的指令、方法、事件等，依原程式碼的顏色加以標示，如屬性為綠色、事件為黃土色、方法為紫色。

除了在「**畫面編排**」視窗設定屬性外,也可在「**程式設計**」視窗內用指令來設定,例如在**方塊**框架內 Screen1 下的**按鈕1** 元件內,以開頭「**設**」名稱表示該元件之設定屬性的指令,或以元件清單開頭的屬性值指令,例如 Screen1/按鈕1 元件內之設按鈕1.背景顏色為設定屬性值指令、按鈕1.啟用取得屬性值指令等,如下圖框起部份所示之綠色積木。

> **TIP** 在元件屬性框架中設定的結果是程式啟動後的初始設定,之後若需要變更,就可以使用方塊框架中各種綠色的積木來修改或取得設定值。

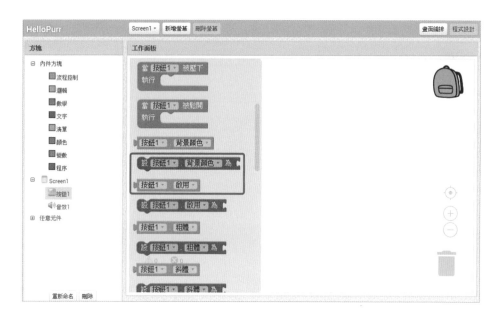

事件

為了賦予元件更多的作用及功能,我們可以在元件加入相對應的程式碼,例如當使用者在按鈕上按一下左鍵或觸摸一下,此時會產生一個**被點選**事件,用以執行相對應的動作,**此種機制就叫做「事件驅動」**,通常會以開頭「**當**」的名稱表示,如下圖框框部份所示之黃土色積木,例如按鈕1的被點選事件,位於**方塊**框架內 Screen1 下按鈕1 中的當按鈕1.被點選…執行。要注意的是,不是每個元件都有事件功能的選項,通常是有輸入作用或感測的元件才會有事件的功能。

方法

　　元件本身已經定義好的作用或功能就叫做方法，在程式設計/
Screen1 中的元件，會以開頭「呼叫」名稱表示，如下圖框起部份所示之
紫色積木，例如 Screen1/音效1 元件內的呼叫音效1.播放、呼叫音效1.停
止…等等。要注意的是，也不是每個元件都有方法可以用的，一般來說
有輸出功能或畫布、資料庫等元件才會有提供方法。

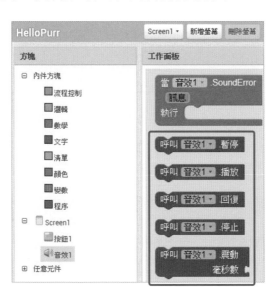

指令

舉凡控制程式的動作與功能，均稱為指令，包括宣告、運算、流程、文字處理…等，位於方塊框架內內件方塊下，有流程控制、邏輯、數學、文字、清單、顏色、變數、程序等八種不同類別的指令，如下圖所示，數學內的「0、=、+、-、x、/、^…」等指令。

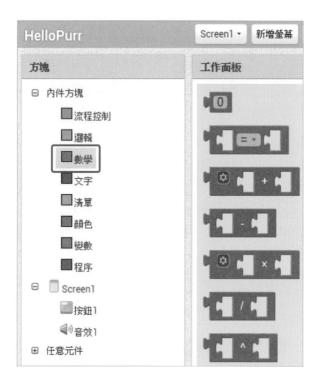

在 App Inventor 2 中除了**元件**和**屬性**是在「**畫面編排**」視窗內使用，其他包括**事件、方法、指令**都在「**程式設計**」視窗使用，不過比較特別的是屬性不僅可在「**畫面編排**」視窗內設定，也可在「**程式設計**」視窗內使用。

TIP 在本書內容「程式設計視窗」的說明步驟中，會一層一層標示說明要使用的積木所在的位置，例如：「**程式設計/方塊/內件方塊**」之下有內建的八種指令，而「**程式設計/方塊/Screen1**」之下則有 Screen1 新增的按鈕 1、音效 1 等元件，積木名稱的字體也會配合積木的顏色來呈現，方便您做比對。

2-2 音效元件、按鈕元件和常數

音效元件

元件位置在**畫面編排/元件面板/多媒體**內，如下圖所示，**音效**為一非可視元件 (只會出現在 Screen1 視窗的底下非可視元件處)，可**用來播放音效檔和讓手機震動** (單位為毫秒)，要播放的音效檔檔名可在**畫面編排**或**程式設計**中**來源**屬性來設定，常見的格式有 mp3、wav、3gp…等。

> **TIP** 關於 App Inventor 2 支援的聲音檔案格式，請參考下列網址的說明：https://developer.android.com/guide/topics/media/media-formats。

常用屬性

圖形	功能
設 音效1 ▾ . 來源 ▾ 為	設定要播放的音效檔
設 音效1 ▾ . 最小間隔 (ms) ▾ 為	設定兩次播放音效的最小間隔，單位為毫秒

常用方法

名稱	圖形	功能
暫停	呼叫 音效1 ▾ .暫停	暫停播放音效檔
播放	呼叫 音效1 ▾ .播放	開始播放音效檔
回復	呼叫 音效1 ▾ .回復	回復播放狀態
停止	呼叫 音效1 ▾ .停止	停止播放音效檔
震動	呼叫 音效1 ▾ .震動 毫秒數	使手機震動一段時間，單位為毫秒

按鈕元件

　　本章的進階小鋼琴主要是利用按鈕元件中的當按鈕1.被壓下…執行和當按鈕1.被鬆開…執行兩個事件及設按鈕1.圖像為指令來達到小鋼琴鍵的動態效果，**按壓下**事件是指當手指或滑鼠碰觸到按鈕元件所引發的事件，而**被鬆開**事件是指當手指或滑鼠離開按鈕元件所引起的事件。

　　元件位於**畫面編排/元件面板/使用者介面**類別內，被壓下和被鬆開事件則位於**程式設計/方塊/Screen1/按鈕1** 中，如下圖左、右邊所示。

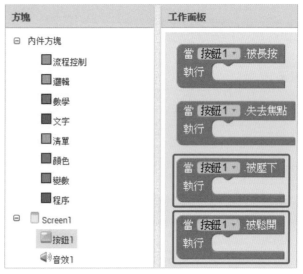

常數

　　常數是用來儲存程式在執行過程中維持不變的值，依屬性的不同分為**數字常數**及**字串常數**兩種。

數字常數

為一個數字資料，您可以從程式設計視窗左上角點選**內件方塊/數學/0**，如右圖所示，使用時可直接點選「0」處設定新值，如 777。

字串常數

為一個文數字資料，您可以從程式設計視窗左上角點選**內件方塊/文字/字串**，如右圖所示，使用時可直接在空白處設定新值，如 "Hello World !"。

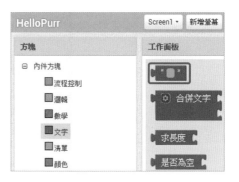

2-3 小鋼琴基本功能設計 (Piano.aia)

右圖為一個小鋼琴的鍵盤，由左至右分別為 Do、Re、Mi、Fa、So、La、Si，共七個音階，以 C、D、E、F、G、A、B 做為音名，書附檔案中 ch02 資料夾內有以此為名的音效檔 c.mp3~b.mp3。

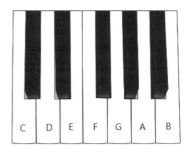

琴鍵是由 3 種基本琴鍵所構成，因此在書附檔案 ch02 資料夾中有 piano-1.jpg、piano-2.jpg、piano-3.jpg 等 3 張基本琴鍵的圖，用以構成基本的小鋼琴鍵，琴鍵由 ①、②、③ 等三個基本鍵組成。

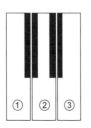

畫面編排

1
Step
登入 App Inventor 2 後，在**專案**功能表中，按「**新增專案**」，輸入「Piano」後再按「**確定**」鈕，建立一個新的專案，如下圖所示。

2
Step

將**元件面板/使用者介面/按鈕**元件拖曳至 Screen1 內，同時在視窗的右邊元件屬性框架內設定屬性**圖像/上傳文件**/書附檔案內 ch02 資料夾的 piano-1.jpg，屬性「文字」內的文字清除為空，以顯示出 Do 的琴鍵。

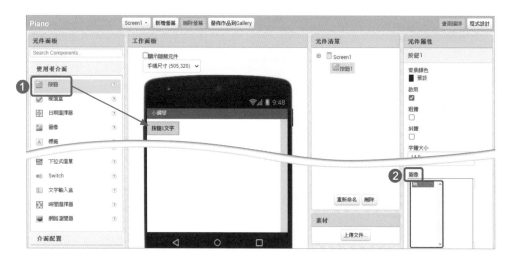

3
Step

將**元件面板/多媒體/音效**元件拖曳至 Screen1 內，同時在**元件屬性**框架內設定屬性來源/上傳文件/書附檔案內 ch02 資料夾的 c.mp3，表示**音效1** 元件設定的音效為 Do 的音。

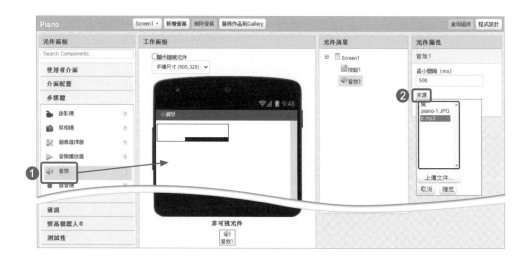

TIP　注意音效1 是非可視元件，只會出現在 Screen1 視窗底下的非可視元件區。

4

<u>Step</u>

請依照下表說明，重覆步驟 2~3，完成 8 個琴鍵圖片及聲音檔的設定。

元件類別	元件清單	元件屬性設定
使用者介面/按鈕	Screen1	標題→小鋼琴
	按鈕1	圖像→piano-1.jpg 文字→空白
	按鈕2	圖像→piano-2.jpg 文字→空白
	按鈕3	圖像→piano-3.jpg 文字→空白
	按鈕4	圖像→piano-1.jpg 文字→空白
	按鈕5	圖像→piano-2.jpg 文字→空白
	按鈕6	圖像→piano-2.jpg 文字→空白
	按鈕7	圖像→piano-3.jpg 文字→空白
	按鈕8	圖像→piano-1.jpg 文字→空白
多媒體/音效	音效1	來源→c.mp3
	音效2	來源→d.mp3
	音效3	來源→e.mp3
	音效4	來源→f.mp3
	音效5	來源→g.mp3
	音效6	來源→a.mp3
	音效7	來源→b.mp3
	音效8	來源→c1.mp3

5
Step

完成如下圖所示。

TIP 在 App Inventor 2 開發過程，如果同類型的元件很多時，為了日後的程式碼閱讀方便，通常會使用**重新命名**(紅線框)的功能將元件重新命名，例如：將按鈕1 依照使用目的，重新命名為音階 C、按鈕2 重新命名為音階 D…等，此時當按鈕1.被點選…執行事件名稱就會變成當音階 C.被點選…執行事件，讓程式較具有語意，能夠一目了然。

程式設計

以下的步驟 1~2 為一組程式碼，當手指按下按鈕1 琴鍵後，會觸發當按鈕1.被點選…執行事件，此時呼叫呼叫音效1.播放方法來播放所設定的音效檔 c.mp3。

1
Step
Screen1/按鈕1/當按鈕1.被點選…執行事件拖曳至工作面板視窗。

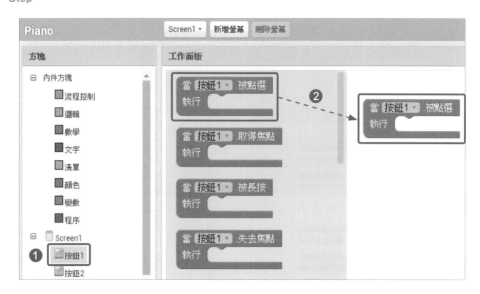

2
Step
將 Screen1/音效1/呼叫音效1.播放方法拖曳至當按鈕1.被點選…執行事件內。

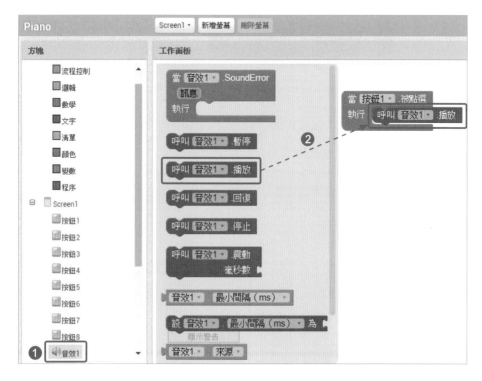

3
Step

重覆步驟 1~2，依序完成 8 個琴鍵的播音功能，完成後會如下圖所示。

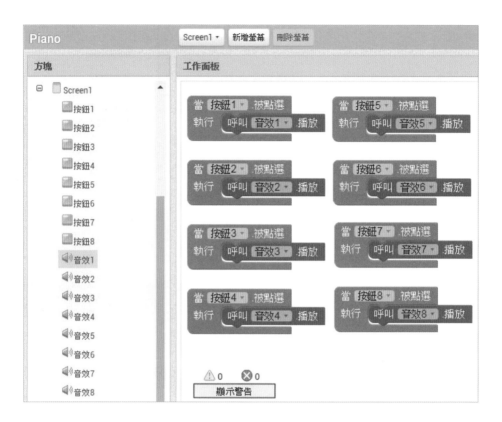

TIP 在製作上圖的程式中，您也可以先製作步驟 1~2 的內容，然後在當按鈕1.被點選…執行事件按右鍵/**複製程式方塊**或按 Ctrl + C 複製及 Ctrl + V 貼上，複製整個程式碼，接著再逐一修改按鈕1 及音效1 的名稱，改為對應的名稱，完成 8 個琴鍵的程式。

驗證執行：小鋼琴

當您連結至模擬器或實體裝置時，會出現如右畫面，您可以動手來測試看看所撰寫的程式功能，由上而下彈奏分別為 Do、Re、Mi、Fa、So、La、Si 及高音 Do。

如果彈奏時無法發出聲音，請先確認設備的音量是否開啟，接著到**畫面編排**視窗，檢查音效元件是否設定音效檔 (*.mp3)，最後檢查程式碼是否都有撰寫完成。

2-4 小鋼琴進階功能設計 (Piano_1.aia)

上一個範例基本小鋼琴執行時，雖然按鈕有淡淡的反白效果，但視覺上沒那麼逼真，為了追求更好的視覺效果，我們將利用按鈕元件內有**被壓下**及**被鬆開**兩個事件，可以幫我們達成互動的功能，由下圖可知互動的原理乃是 piano-1.jpg~piano-6.jpg 等六張圖片，① ④、② ⑤、③ ⑥ 各為一組，當使用者觸碰它時，會變換對應的圖片。

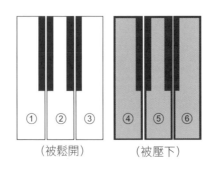

畫面編排

1
Step
將上一個範例的 Piano.aia 檔案，在**專案**功能表中，按「**另存專案**」，輸入「Piano_1」後再按「**確定**」鈕，如下圖所示另存一個新的專案，「標題」屬性則改為「進階小鋼琴」。

2
Step
最後在素材框架下點選「**上傳文件**」，上傳 piano-4.jpg~piano-6.jpg 等 3 張圖片，完成後如下圖所示。

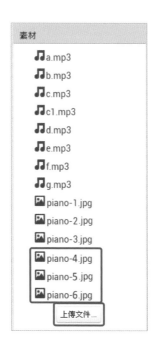

程式設計

1
Step
在工作面板按右鍵選「刪除 16 個程式方塊」，再點選「確定」鈕，最後出現「程式碼區域為空」的訊息再選「確定並儲存空螢幕」。

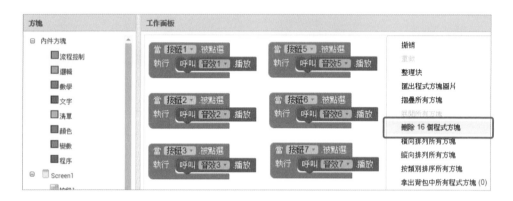

2
Step
Screen1/按鈕1/當按鈕1.被壓下…執行事件拖曳至**工作面板**視窗。

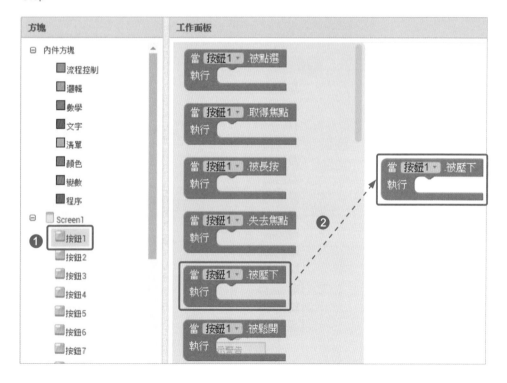

3
Step
Screen1/按鈕1/設按鈕1.圖像為指令 (下圖虛線框由上往下拉即可找到，指令是按英文字母順序排列的) 拖曳至當按鈕1.被壓下…執行事件內。

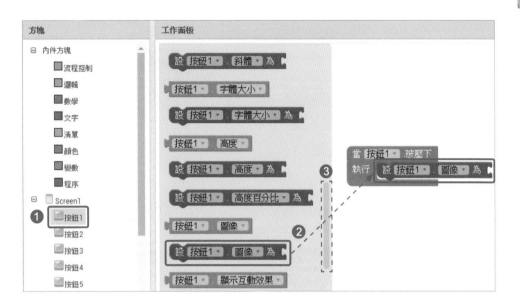

4
Step
內件方塊/文字/ 指令拖曳至設按鈕1.圖像為指令右邊，並將內容改成「piano-4.jpg」。

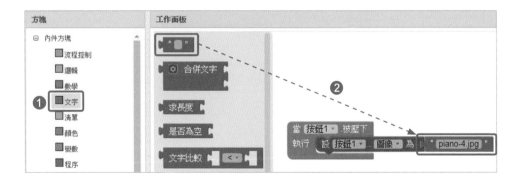

5
Step
Screen1/音效1/呼叫音效1.播放方法拖曳至設按鈕1.圖像為指令下。

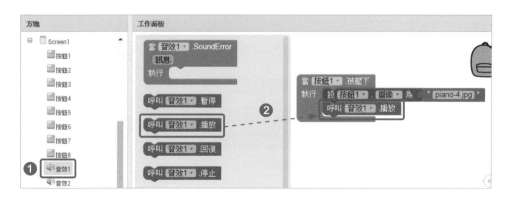

6
Step
Screen1/按鈕1/當按鈕1.被鬆開…執行事件拖曳至工作面板視窗。

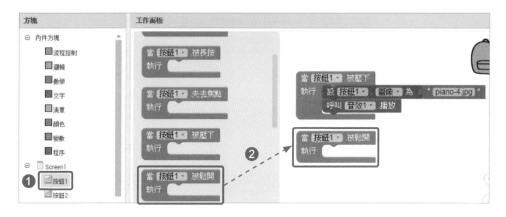

7
Step
複製 Ctrl + C 設按鈕1.圖像為指令至當按鈕1.被鬆開…執行事件內貼上 Ctrl + V，同時將內容改成「piano-1.jpg」，如下圖所示。

當 按鈕1 被壓下
執行 設 按鈕1 . 圖像 為 " piano-4.jpg "
　　 呼叫 音效1 . 播放

當 按鈕1 被鬆開
執行 設 按鈕1 . 圖像 為 " piano-1.jpg "

8 重覆步驟 2~7，依序完成 8 個琴鍵的播音功能，完成後會如下圖所示。

Step

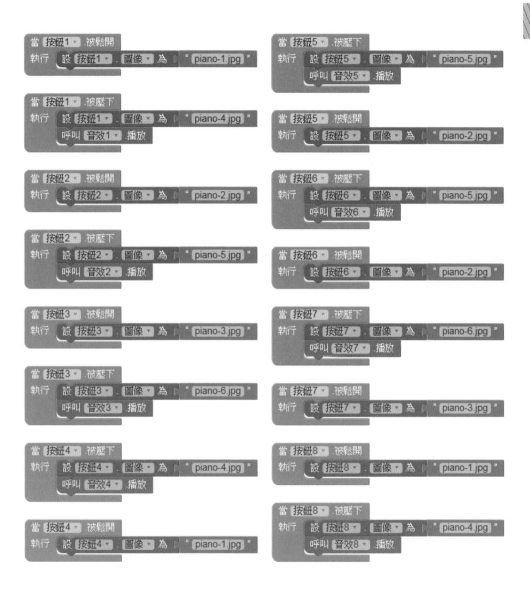

當 按鈕1 ▾ .被鬆開
執行 設 按鈕1 ▾ . 圖像 ▾ 為 " piano-1.jpg "

當 按鈕1 ▾ .被壓下
執行 設 按鈕1 ▾ . 圖像 ▾ 為 " piano-4.jpg "
　　呼叫 音效1 ▾ .播放

當 按鈕2 ▾ .被鬆開
執行 設 按鈕2 ▾ . 圖像 ▾ 為 " piano-2.jpg "

當 按鈕2 ▾ .被壓下
執行 設 按鈕2 ▾ . 圖像 ▾ 為 " piano-5.jpg "
　　呼叫 音效2 ▾ .播放

當 按鈕3 ▾ .被鬆開
執行 設 按鈕3 ▾ . 圖像 ▾ 為 " piano-3.jpg "

當 按鈕3 ▾ .被壓下
執行 設 按鈕3 ▾ . 圖像 ▾ 為 " piano-6.jpg "
　　呼叫 音效3 ▾ .播放

當 按鈕4 ▾ .被壓下
執行 設 按鈕4 ▾ . 圖像 ▾ 為 " piano-4.jpg "
　　呼叫 音效4 ▾ .播放

當 按鈕4 ▾ .被鬆開
執行 設 按鈕4 ▾ . 圖像 ▾ 為 " piano-1.jpg "

當 按鈕5 ▾ .被壓下
執行 設 按鈕5 ▾ . 圖像 ▾ 為 " piano-5.jpg "
　　呼叫 音效5 ▾ .播放

當 按鈕5 ▾ .被鬆開
執行 設 按鈕5 ▾ . 圖像 ▾ 為 " piano-2.jpg "

當 按鈕6 ▾ .被壓下
執行 設 按鈕6 ▾ . 圖像 ▾ 為 " piano-5.jpg "
　　呼叫 音效6 ▾ .播放

當 按鈕6 ▾ .被鬆開
執行 設 按鈕6 ▾ . 圖像 ▾ 為 " piano-2.jpg "

當 按鈕7 ▾ .被壓下
執行 設 按鈕7 ▾ . 圖像 ▾ 為 " piano-6.jpg "
　　呼叫 音效7 ▾ .播放

當 按鈕7 ▾ .被鬆開
執行 設 按鈕7 ▾ . 圖像 ▾ 為 " piano-3.jpg "

當 按鈕8 ▾ .被鬆開
執行 設 按鈕8 ▾ . 圖像 ▾ 為 " piano-1.jpg "

當 按鈕8 ▾ .被壓下
執行 設 按鈕8 ▾ . 圖像 ▾ 為 " piano-4.jpg "
　　呼叫 音效8 ▾ .播放

您會發現程式碼很多，超出螢幕範圍，此時您可在工作面板空白處按右鍵，選「摺疊所有方塊」，再選「整理塊」及「縱向排列所有方塊」，如下圖所示。也可利用 ⊕ 或 ⊖ 放大或縮小畫面。

程式說明

- 步驟 1~4：當手指按下琴鍵時，觸發當按鈕1.被壓下…執行事件，使用設按鈕1.圖像為指令將背景圖片改為 piano-4.jpg，同時呼叫呼叫音效1.播放方法播放設定的音效 c.mp3。

- 步驟 5~6：當手指從琴鍵離開時，觸發當按鈕1.被鬆開…執行事件，使用設按鈕1.圖像為指令將背景圖片改為 piano-1.jpg。

驗證執行：進階小鋼琴程式

當您連結至模擬器或實體裝置時，會出現如下畫面，您可以動手彈奏第一個琴鍵，看看是否發出正確的音階，琴鍵是否會變換不同顏色的圖片。

課後評量

1. (　　　) 設計 APP 應用程式的最小單位就叫**元件**，用以組成應用程式的基本功能。

2. (　　　) **屬性**只能在畫面編排視窗設定，無法在程式設計視窗設定。

3. (　　　) 元件本身已經定義好的作用或功能就叫做**方法**。

4. (　　　) **指令**只能從程式設計視窗的內件方塊內選用。

5. (　　　) 使用積木編寫程式時，可以使用 `Ctrl` + `C` (複製) / `Ctrl` + `P` (貼上) 來減少拖曳積木的時間。

6. (　　　) 對同一個元件而言，可以有多個相同的事件 (讀者可以試著建立 2 個「當按鈕1.被壓下」事件，看是否可行)。

7. 試試看，如果要將 8 個琴鍵充滿整個螢幕，該如何調整 (調屬性寬度及高度)?

8. 如果想做出隨著觸碰按鈕的時間而決定聲音長短，該如何做 (加入音效停止指令)?

9. 請在「進階電子琴」範例以按鈕元件設計一個「結束」按鈕，當按下時會發出音效及變換圖片，同時會結束 App 程式(指令在流程控制/退出程式)。

10. 請參考 2-13 頁的 Tip，您會如何將元件重新命名，好讓專案的開發過程更順利?

3 事件驅動與條件判斷 ─ 溫度轉換範例

本章學習重點

- 使用者介面
- 變數宣告
- 運算思維
- 條件判斷

課前導讀

在前一章中，當我們用手觸碰或滑鼠按到 App Inventor 2 的按鈕元件時，就會觸發一個**被點選**或**被壓下**事件，在此事件中我們可以撰寫希望做的動作，如發出聲音、改變圖片…等等，這種過程就稱之為「**事件驅動**」，好讓我們對某個動作有所反

應。然而在反應的過程中我們又希望可以根據不同的情況做出不同的結果，就需要利用「**條件判斷**」的技巧來達成，例如輸入體重後顯示太胖或太輕的訊息，此時單靠「事件驅動」的機制是無法達到的，因為它無法判斷體重的數值。因此為了讓我們在 App 設計時有更多的變化，就必須學習「**運算思維、控制結構、變數宣告…**」等不同的概念。

底下我們將以一個攝氏溫度轉華氏溫度的範例，來介紹**基本的輸入和輸出元件、變數宣告、算術運算、關係運算、邏輯運算及條件判斷指令**等。

請設計一個溫度轉換的 App，可以輸入攝氏溫度轉換成華氏溫度，並且根據輸入的溫度做冷熱判斷，28° 以上為「氣溫悶熱」，20°～27° 為「氣溫舒適」，19° 以下為「氣溫寒冷」。

3-1 常用的使用者介面元件

　　在設計程式時，我們會在程式畫面上添加各種元件，來與使用者互動得知其需求，最常使用的像是 ▣ 按鈕、▣ 圖像、Ａ 標籤、Ⅰ 文字輸入盒等，這些元件在 App Inventor 2 中都屬於使用者介面元件。以下先為您介紹 4 種最常用的使用者介面元件。

▌標籤元件

　　用來做輸出的功能，可以顯示結果或提示訊息，常用的屬性如下表所示。

屬性名稱	用途
字體大小	改變文字的大小
HTML 格式	支援以下標籤，\<b\>, \<big\>, \<blockquote\>, \<br\>, \<cite\>, \<dfn\>, \<div\>, \<em\>, \<small\>, \<strong\>, \<sub\>, \<font color\>, \<sup\>, \<tt\>. \<u\>
文字	文字內容
文字對齊	文字對齊方式，可以靠左、置中、靠右
文字顏色	文字的顏色

文字輸入盒元件

用來做輸入的功能，可以輸入各種資料，常用的屬性如下表所示。

屬性名稱	用途
字體大小	改變文字的大小
提示	顯示盒中的提示訊息
僅限數字	只能輸入數字
文字	文字內容
文字對齊	文字對齊方式
文字顏色	文字的顏色

按鈕元件

用來偵測按鈕反應，並執行所撰寫的程式，常用的屬性如下表所示。

屬性名稱	用途
字體大小	改變文字的大小
圖像	按鈕圖片
文字	文字內容
文字對齊	文字對齊方式
文字顏色	文字的顏色

圖像元件

用來顯示圖片的元件，常用的屬性如下表所示。

屬性名稱	用途
圖片	要顯示的圖片

3-2 變數宣告、運算思維與運算式

變數宣告

　　任何電腦程式，不管是使用什麼語言，都會**使用變數來儲存暫時性的資料**，通常使用前會做個「**宣告**」的動作，其目的在於告訴電腦提供一個固定的空間來儲放資料。變數依宣告方式的不同而有兩種型式，一為 **global 全域變數**，一為 **local 區域變數**，建議初學者可先了解全域變數一段時間後，再來學習區域變數。兩者的差別在於「全域變數」是所有的程式都可使用，而「區域變數」則只能在該指令內有所作用。

　　全域變數的宣告是從**程式設計/內件方塊/變數**/初始化全域變數變數名為，使用時可直接點選「變數名」處更改變數名稱，可以使用中文或英文字，如下圖右邊所示，宣告「成績」變數。這個指令是獨立存在，不用放在任何區塊中，而經過初始化的全域變數，可以用在程式中任何的副程式或事件內。

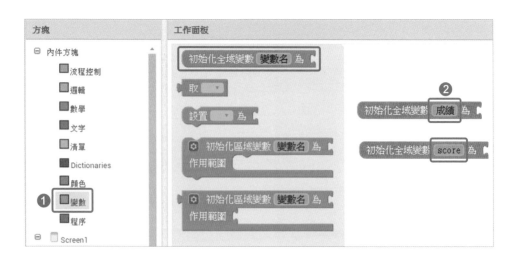

區域變數的宣告是從**程式設計**視窗**內件方塊**點選**變數**/初始化區域變數變數名為…作用範圍 (註:區域變數有兩種方式,第一個為沒傳回值,第二個為有傳回值),使用時可直接點選「變數名」處更改變數名稱,如下圖右邊所示,宣告 bmi、n 變數。區域變數只能用在初始化區域變數變數名為…作用範圍的框框內。

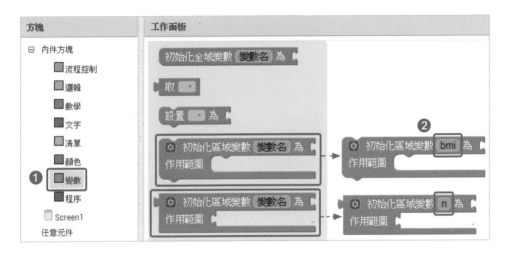

　　您會發現在宣告區域變數時,其指令上有一個**藍色底框的圖示**,它是用來增加參數的數量,也就是說您可以宣告兩個以上的參數;使用時是將下方框框內左邊的參數 x 拖曳至右邊輸入項框框內,名稱「x」可以自由更改,如下圖所示。

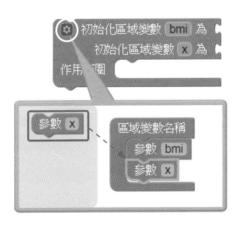

變數在名稱命名上應注意以下幾件事：

● 必須以中、英文字母或符號開頭。

● 只能包含中、英文字母、數字和「～」、「@」、「$」、「_」、「?」
等符號。

● 變數型態是以接在後方的常數型態來決定。

如以下例子：

● 初始化全域變數 成績 為 0　　　　　宣告**成績**為數值變數，初始值為「0」。

● 初始化全域變數 訊息 為 "您好"　宣告**訊息**為字串變數，初始值為「您好」。

變數宣告後，可以在**程式設計**視窗**內件方塊**點選**變數**中找到使用方式，如下圖所示，取指令是用來取得變數值，設置指令則是用來設定變數值，或是滑鼠在該變數名稱上停留一會兒，就會自動出現，如下圖右上方所示，使用時是在取或設置…為選擇變數的種類及名稱即可。

TIP　變數名稱前有 global 表示全域變數、只有變數名稱表示區域變數。

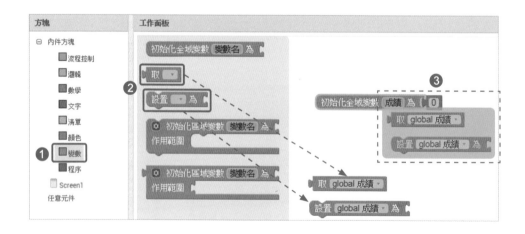

運算思維

Computational Thinking 簡稱「CT」，而在台灣則翻譯成「運算思維」或「計算思維」，是這一波教改重要的資訊教育概念，名詞聽起來很抽象，但到底什麼是運算思維呢？

定義

簡單來說**「運算思維」就是一種解決問題的過程**，從 Google 的定義來看，運算思維分成下列 4 個核心能力，可部分或全部用上：

- **問題拆解**：將一個複雜的問題分解成許多更容易了解、處理的小問題。

- **模式識別**：分別檢視問題所呈現出來的相似模式、趨勢及規律等現象。

- **抽象化**：只專注於重要的資訊內容，過濾掉不必要的細節。

- **演算法設計**：開發解決這些小問題的有效性及有限性之步驟、規則。

範例

為了幫助讀者更容易明白運算思維的核心能力，我們以一個簡單的數學**「計算多邊形內角和」**來當例子，其過程如下：

- **問題拆解**：將多邊形拆解成幾個三角形就更容易計算了，從某一個頂點向其他頂點連線，將多邊形拆成幾個三角形。

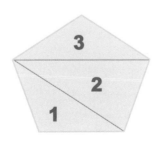

● **模式識別**：依據過去的學習經驗，將一個三角形做分割，分割後再做拼補，我們知道三角形內角和為 180°。

● **抽象化**：只專注在多邊形最後可以拆解成幾個三角形就行了，例如：

1. 三邊形會有 1 個三角形。

2. 四邊形會有 2 個三角形。

3. 五邊形則有 3 個三角形。

4. 依此類推…。

● **演算法設計**：由上述步驟可歸納出：每個三角形內角和為 180°，所以 n 邊形的內角和為 (n-2)×180°。

流程圖

運算思維最後會以「演算法」的方式透過「文字描述」、「流程圖」、「虛擬碼」或「程式語言」等來呈現結果，其中以流程圖表示最為簡淺易懂，以下就來介紹幾個常見的流程圖符號，以便在往後章節了解書中說明的內容。

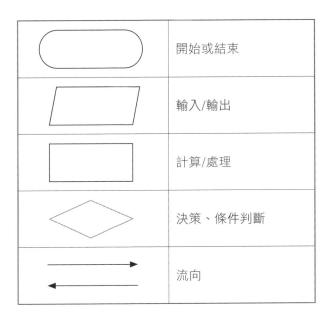

	開始或結束
	輸入/輸出
	計算/處理
	決策、條件判斷
	流向

如何建立

　　要如何培養運算思維呢？可以先從一般程式語言中的「**輸出與輸入、資料、運算式、流程控制、事件驅動及資料結構**」等觀念來建立，透過不斷地測試及除錯，找到自己的問題解決方法，其內容如下說明：

● **輸出與輸入**：螢幕輸出及鍵盤輸入。

● **資料**：常數與變數的使用及資料型態。

● **運算式**：包含算術、關係及邏輯等 3 種運算。

● **流程控制**：包括循序執行、條件判斷及迴圈 3 種結構，以下用流程圖分別說明三種流程控制的差異：

1. **循序執行**：「依照程式先後次序一步一步地進行」。

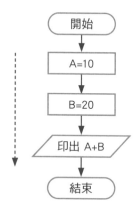

2. **條件判斷**：「依據判斷的條件來決定執行方向」。

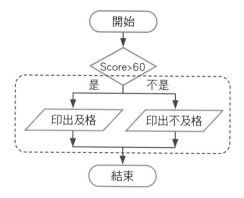

3. **迴圈結構**：「重覆執行同一個程式片段」。

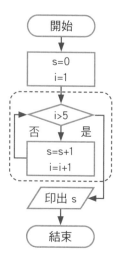

● **事件驅動**：由使用者動作或其他程式的訊息來啟動之模式。

● **資料結構**：最常見的是陣列、佇列和堆疊。

　　由此可知「**運算思維**」是一種思考的模式，「**演算法**」則是落實思考的步驟，最常使用「**流程圖**」來表達或撰寫「**程式碼**」當作實踐的工具，我們將在本書陸陸續續的介紹，說明中如果遇到比較複雜難懂的觀念，會以流程圖的方式呈現其步驟，再簡單說明程式碼的功能，而 App Inventor 2 就是一套非常容易上手的程式學習工具，透過親和的介面，引導式的教學，讓讀者不知不覺中，學會運算思維的基礎。

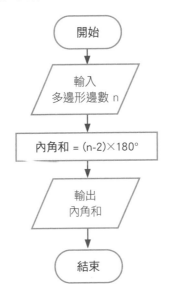

運算式

　　一般的程式語言也會提供在數學上運算的功能，包括有加減乘除的**算術運算**，大於、小於的**關係運算**以及若且唯若的**邏輯運算**三種，以便讓設計者可以更彈性運用，在實務上我們會以**關係運算、邏輯運算**來當做**如果…則**或**當滿足條件…執行指令**的「**條件判斷式**」。

算術運算

　　用來做數學中的加法、減法、乘法、除法和次方等計算，您可以從**程式設計/內件方塊/數學**中點選 +、-、x、/、^，如下圖所示。

運算子	說明	積木範例	結果
⚙ □ + □	加法	⚙ 10 + 2	12
□ - □	減法	10 - 2	8
⚙ □ × □	乘法	⚙ 10 × 2	20
□ / □	除法	10 / 2	5
□ ^ □	次方	10 ^ 2	100

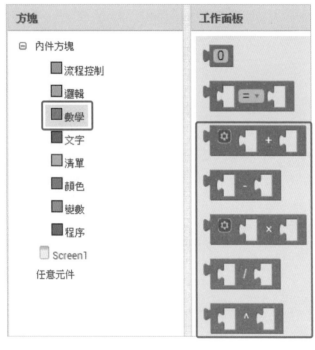

新增後就多了一個放置積木的空格

您會發現 + 和 × 指令上有一個藍底白框的齒輪圖示，它是用來增加 + 或 × 的數量；使用時是將下方框框內左邊的 number 拖曳至右邊 + 指令內，如右圖所示，可相加的積木數量從 2 個變成 3 個：

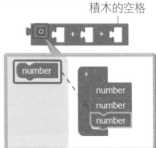

請注意算術運算的優先權是以「**框在裏面**」的為優先，即小括號的概念，並非直敘式的先乘除後加減，例如：

10 × (2 + 1)，結果為 30，而非 21。

(10 - 2) × (2 + 1)，結果為 24，而非 7。

範例

假如我們想要求解「多邊形的內角和」，其**運算思維**如下。

1. **問題拆解**：先將多邊形的頂點連線，分成 n 個三角形。

2. **模式識別**：三角形內角和為 180°。

3. **抽象化**：三邊形會有 1 個三角形，四邊形則有 2 個三角形…。

4. **演算法設計**：n 為多邊形的邊，其內角和公式可以寫成 (n-2) × 180°。

其他常用算術運算

運算子	說明	範例	結果
隨機整數從 `1` 到 `100`	亂數	隨機整數從 `1` 到 `6`	產生 1-6 的亂數
平方根 `▼`	平方根	平方根 `▼` `9`	3
絕對值 `▼`	絕對值	絕對值 `▼` `-5`	5
四捨五入 `▼`	四捨五入	四捨五入 `▼` `9.5`	10
進位後取整數 `▼`	進位後取整數	進位後取整數 `▼` `9.5`	10
捨去後取整數 `▼`	捨去後取整數	捨去後取整數 `▼` `9.5`	9
模數 `▼` 除以	模數*	模數 `▼` `-11` 除以 `5` 模數 `▼` `11` 除以 `-5`	4 -4
餘數 `▼` 除以	餘數	餘數 `▼` `-11` 除以 `5` 餘數 `▼` `11` 除以 `-5`	-1 1
商數 `▼` 除以	商數	商數 `▼` `-11` 除以 `5`	-2
是否為數字? `▼`	是否為數字？	是否為數字? `▼` `" a "`	False

* 對於任何 a 和 b 定義模數 (a, b)，使得 (捨去後取整數 (a/b)*b) ＋模數 (a, b) =a，模數 (a, b) 總是與 b 具有相同的符號，餘數 (a, b) 總是與 a 具有相同的符號。

範例

當按下**按鈕1**時，設標籤1.文字為 1-50 的亂數。

關係運算

又稱為比較運算，**用以比較左右兩邊數字的大小關係**，其結果只有 True、False 兩種，您可以從**程式設計**視窗**內件方塊**點選**數學**/=，如下圖所示，您會發現在 = 號的右邊有一個藍色小倒三角形，表示此處可以點選更換不同的關係運算符號。

運算子	說明	範例	結果
=	等於	10 = 2	False
≠	不等於	10 ≠ 2	True
<	小於	10 < 2	False
≤	小於等於	10 ≤ 2	False
>	大於	10 > 2	True
≥	大於等於	10 ≥ 2	True

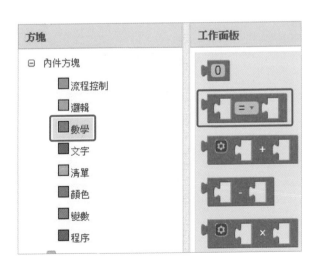

範例

假如我們想要判斷溫度大於 27° 就開啟冷氣，其關係式為

邏輯運算

用以連結兩個關係或邏輯運算式，其結果只有 True、False 兩種，您可以從**程式設計視窗內件方塊**點選**邏輯**/真、假、非、=、與、或等運算功能，如下圖所示，您會發現在運算子的右邊有一個綠色小倒三角形， 表示此處可以點選更換不同的邏輯運算符號。要注意的是這裏的「=及≠」跟數學的「=及≠」作用完全一樣，比較時若只是**字串比較，大小寫是有區分的**，而字串與數字比較時，同一個數值視同相等的，如字串 1 和數字 1 是相等的。

運算子	說明	範例	結果
真	真		True
假	假		False
非	非，傳回運算式相反的結果	非 10 > 2	False
=	等於	"test" = "Test"	False
≠	不等於	1 ≠ "1"	False
與	與 and，只有全部為真才傳回真	10 > 2 與 10 < 2	False
或	或 or，只有全部為假才傳回假	10 > 2 或 10 < 2	True

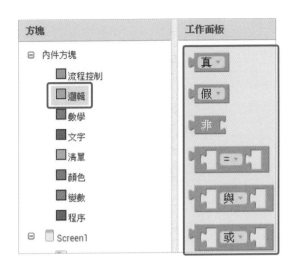

TIP 請注意邏輯運算的優先權也是以「框在裏面」的為優先，即小括號的概念，非一般程式語言的 not、and、or 順序。例如：

（ 10 < 2 ） and（（ 2 > 3 ） or（ 10 > 2 ）），結果為 False。

「與」— AND 運算

　　甲、乙雙方考慮是否結婚，對應的邏輯表示式為「**與**」，即 **AND 運算**，除非甲、乙雙方都同意，否則就無法結婚，是數學上的「交集」，用以判斷是否介於某個區間。

甲方願意?	乙方願意?	是否能結婚?
否	否	否
否	是	否
是	否	否
是	是	是

「或」— OR 運算

有左、右兩邊的口袋，要判斷您是否有錢，對應的邏輯表示式為「**或**」，即 **OR 運算**，只要左、右口袋其中一個有錢，您就是有錢；除非左、右口袋都沒錢，才沒錢，這也是數學上的「聯集」，用以判斷是否滿足條件之一。

左邊口袋有錢?	右邊口袋有錢?	是否有錢?
否	否	否
否	是	是
是	否	是
是	是	是

3-3 條件判斷流程控制

各種程式語言都有 if 的條件指令，**是一種有條件的流程控制指令**，也是運算思維中最常見的「**條件**」觀念，您可以從**程式設計視窗內件方塊**點選**流程控制**/如果…則，如下圖所示，您會發現在如果…則指令一個藍色底框的圖示，表示此處可以擴充如果…則指令變成如果…則…否則等不同指令。

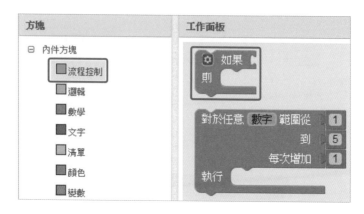

┃「如果…則」條件判斷式

假如**如果**右邊的「條件判斷式」為 True 的話，就執行**則**內的程式方塊，False 的話，就跳離**如果**。

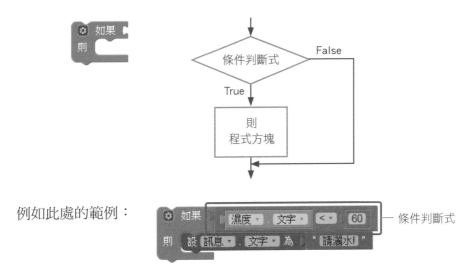

例如此處的範例：

假如濕度.文字<60，則訊息.文字就會顯示「請灑水」，否則訊息.文字將不會有任何訊息。

┃「如果…則…否則」條件判斷式

假如**如果**右邊的「條件判斷式」為 True 的話，就執行**則**內的程式方塊，False 的話，就執行**否則**內的程式方塊。

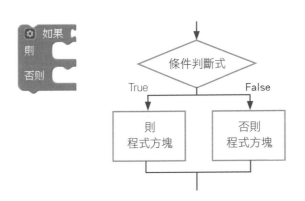

這個指令是透過如果…則指令擴充而來的，是將下圖中方框左邊的**否則**指令拖曳至**如果**指令內形成如果…則…否則指令，當然您也可以將**否則，如果**指令拖曳至**如果**指令內形成如果…則…否則，如果…則指令。

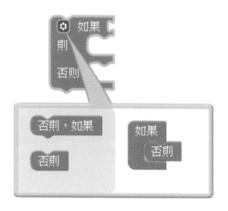

　　如下範例 (以猜數字為例)：

　　假如終極密碼是 77，如果猜的數字是 77，就會顯示「猜對了！」；否則，如果猜的數字比 77 大，就顯示「比您猜的還小喔」；再否則，就顯示「比您猜的還大喔」。

3-4 溫度轉換 (Temp.aia)

目前，攝氏溫標 ℃ 是世界上絕大多數國家採用的溫度單位，只有美國、開曼群島、貝里斯等極少數國家仍保留華氏溫標 ℉ 為法定計量單位，因為全球往返美國的人士不在少數，所以不同溫度的轉換就很需要，底下是兩種溫度的轉換公式：

℃ = 5/9 * (℉ - 32)
℉ = 9/5 * ℃ + 32

我們將設計一個攝氏溫度轉華氏溫度的功能，並根據輸入的攝氏溫度進行如右表的冷熱判斷。

範圍	說明
28° 以上	悶熱
20°~27°	舒適
19° 以下	寒冷

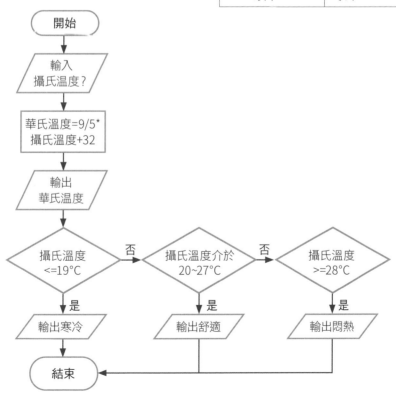

畫面編排

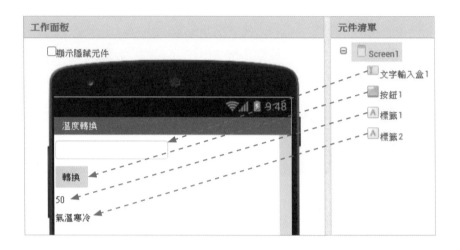

1 **Step** 登入 App Inventor 2 後，在專案功能表中，按「**新增專案**」，輸入「**Temp**」後按「**確定**」鈕，建立一個新的專案，如下圖所示。

2
Step
將**元件面板/使用者介面/文字輸入盒**元件拖曳至 Screen1，同時在**元件屬性**內設定屬性「提示」為「請輸入攝氏溫度?」，做為提示訊息。

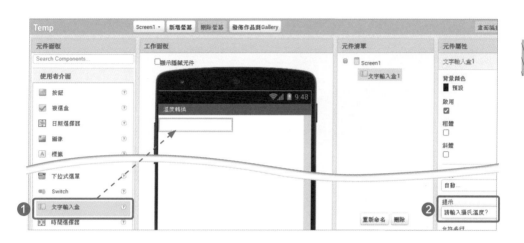

3
Step
將**元件面板/使用者介面/按鈕**元件拖曳至 Screen1，同時在**元件屬性**內設定屬性「文字」為「轉換」。

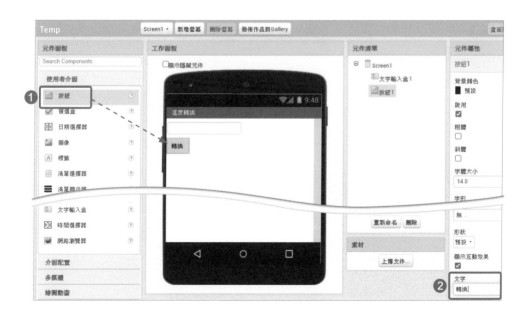

4
Step
將**元件面板/使用者介面/標籤**元件拖曳 2 次至 Screen1，同時在**元件屬性**內分別設定屬性「文字」為空白，因為一開始並不需要顯示答案，故都先清除為空白。

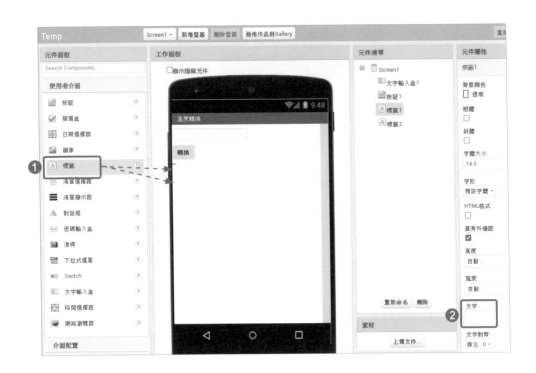

5
Step
請依照下表說明，完成各個元件的設定（元件清單的名稱與預設值不一樣時，表示該元件有更改名稱）。

元件類別	元件清單	元件屬性設定
	Screen1	標題 → 溫度轉換
使用者介面/文字輸入盒	文字輸入盒 1	提示 → 請輸入攝氏溫度？
使用者介面/按鈕	按鈕 1	文字 → 轉換
使用者介面/標籤	標籤 1	文字 → 空白
使用者介面/標籤	標籤 2	文字 → 空白

6
Step

完成後如下圖所示：

程式設計

① Screen1/按鈕1/當按鈕1.被點選…執行事件拖曳至工作面板視窗。

② Screen1/標籤1/設標籤1.文字為指令拖曳至當按鈕1.被點選…執行事件內。

③ 內件方塊/數學/＋ 指令拖曳至設標籤1.文字為指令右邊，接著將 × 指令拖曳至 ＋ 指令的左邊。

④ Screen1/文字輸入盒1/文字輸入盒1.文字指令拖曳至 × 指令的左邊。

⑤ 內件方塊/數學/0 指令拖曳至 × 和 ＋ 指令的右邊，分別更改數字為「1.8」、「32」，做出攝氏轉華氏溫度公式。

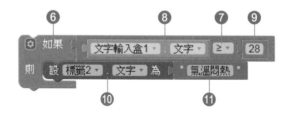

⑥ 內件方塊/流程控制/如果…則指令拖曳至設標籤1.文字為指令下方。

⑦ 內件方塊/數學/＝ 指令拖曳至如果指令右邊，同時更改符號為 ≧ 。

⑧ Screen1/文字輸入盒1/文字輸入盒1.文字指令拖曳至 ≧ 指令左邊。

⑨ 內件方塊/數學/0 指令拖曳至 ≧ 指令右邊，並更改數字為「28」。

⑩ Screen1/標籤2/設標籤2.文字為指令拖曳至則內。

⑪ 內件方塊/文字/字串指令拖曳至設標籤2.文字為指令右邊，並更改文字為「氣溫悶熱」，表示溫度大於 28°，顯示「氣溫悶熱」。

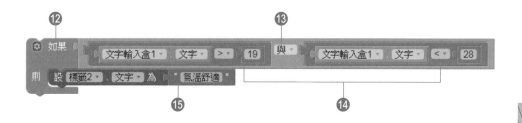

⑫ 內件方塊/流程控制/如果…則指令拖曳至上圖如果…則指令下方。

⑬ 內件方塊/邏輯/與指令拖曳至如果指令右邊。

⑭ 複製 Ctrl + C 上圖整個 ≥ 指令，至與指令左、右邊各貼上 Ctrl + V 1 次，將第 1 個 ≥ 指令改成 >，數字改成「19」，將第 2 個 ≥ 指令改成 <。

⑮ 複製步驟 11 中整個設標籤2.文字為指令至**則**內貼上，更改文字為「氣溫舒適」，表示溫度介於 20°~ 27°，顯示「氣溫舒適」。

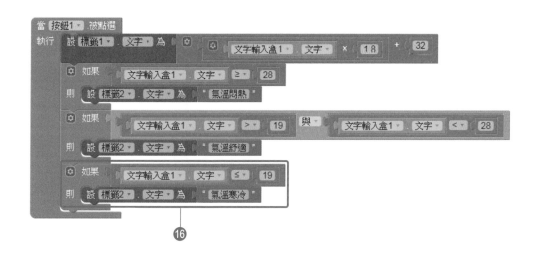

⑯ 複製步驟 12 整個如果…則指令，至步驟 15 如果…則指令的下方貼上，同時將 ≥ 指令改成 ≤，數字改成「19」，文字改成「氣溫寒冷」。

程式說明

- 步驟 1~5：當按下「轉換」鍵時，會觸發當按鈕1.被點選…執行事件，使用設標籤1.文字為指令求出 $°F = 9/5 * °C + 32$ 的結果，並顯示在標籤1。

- 步驟 6~11：假如輸入的溫度大於等於 28°，則顯示「氣溫悶熱」。

- 步驟 12~15：假如輸入的溫度介於 20°~ 27°，則顯示「氣溫舒適」。

- 步驟 16：假如輸入的溫度小於等於 19°，則顯示「氣溫寒冷」。

驗證執行：溫度轉換程式

當您連結至模擬器或實體裝置時，會出現如下畫面，您可以輸入攝氏溫度「10」，看看答案是否為 50，氣溫寒冷。

修正輸入非數字的錯誤

接著您再輸入攝氏溫度「a」，看看會發生什麼事呢？結果模擬器畫面會出現以下訊息，原來是乘法計算不能接受非數字「a」，我們該如何解決呢？

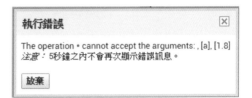

The operation * cannot accept the arguments: , [a], [1.8]

❶ 首先您在瀏覽器視窗中會看到如右訊息，請按下「**放棄**」鈕結束訊息。

執行錯誤　　　　　　　　　　×

The operation * cannot accept the arguments: , [a], [1.8]
注意：5秒鐘之內不會再次顯示錯誤訊息。

放棄

❷ 在**畫面編排**視窗內，**文字輸入盒1** 元件有一個屬性叫做「**僅限數字**」可以幫助我們來解決這個問題，只要將它打勾即可，如下圖所示。但這樣真能解決我們的問題嗎？如果使用者都不輸入而直接按「轉換」呢？在第 5 章我們將提供另一個解決方法。

HTML 格式

自 2016 下半年開始，AI2 的標籤元件支援一部份 HTML 語法，只要將屬性「**HTML 格式**」打勾即可使用，根據官方文件說明，其支援的 HTML tag 如下：

HTML 格式	功能	HTML 格式	功能
\<b>	粗體字型	\<em>	強調
\<big>	放大字型	\<small>	縮小字型
\<blockquote>	縮排效果	\<strong>	強調，字會傾斜
\ 	換行	\<sub>	下標字
\<cite>	作品名稱，字會傾斜	\<sup>	上標字
\<dfn>	定義，字會傾斜	\<tt>	細小字型
\<div>	標籤區塊	\<u>	底線
\<font color>\</font>	字體顏色，如 \<font color=red> 紅色 \</font>		

使用 HTML 格式

TIP 經過實測 iOS 的 HTML 功能目前仍有問題。

我們利用支援 HTML 語法的特性將程式碼改寫，分別加入 \<sup> 上標字及 \<sub> 下標字來表示「悶熱」及「寒冷」的溫度效果。

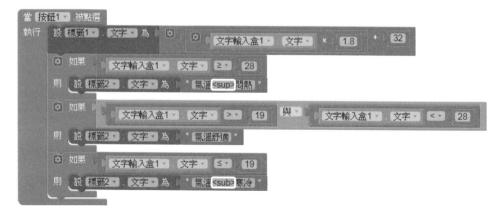

改用變數來撰寫程式

先前的作法我們是將**文字輸入盒**元件內的數字做基本的數學運算和邏輯判斷，不過直接用**文字輸入盒**來撰寫並不容易閱讀，也缺乏彈性，比較建議的做法是先宣告一個變數，再將**文字輸入盒**的內容設定給變數，這樣程式的可讀性和可維護性較佳，當然也可將元件的名稱改成對應的中文名稱，下一章的做法便是以此為範例。

首先在**內件方塊**點選**變數**/初始化全域變數變數名為指令，將名稱改為「攝氏溫度」，再到**數學**/0 指令拖曳至其後，接著到**變數**中找到設置…為指令和取指令設定變數種類及名稱為「global 攝氏溫度」，完成如下圖所示的程式。

課後評量

1. (　　　) **標籤**元件，用來做輸入的功能，可以輸入各種資料。

2. (　　　) ，答案等於 21。

3. (　　　) ，答案為 True。

4. (　　　) **文字輸入盒**元件中的**提示**屬性是用來輸入文字用。

5. (　　　) 　其結果為 True。

6. **文字輸入盒**元件中的屬性**僅限數字**是什麼作用的呢？

7. 網路上常出現的商品標錯價事件，其原因乃是沒對輸入的資料做判斷而造成，因此一個好的程式在設計時，就必須考慮這種情況。在範例中如果溫度轉換程式中的最高溫度為 45°，最低溫度為 -10°，請問程式該如何修改，讓使用者在輸入超過最高及最低的溫度範圍時，可以顯示一個錯誤訊息？

8. 請在溫度轉換的範例中加入一個按鈕，並上 Google 搜尋氣溫相對應的圖片，例如太陽、雲朵等，利用設定按鈕的圖片屬性，當輸入溫度時會根據溫度的高低，秀出相對應的 3 種圖片，以增加程式的視覺效果。

9. 身高體重指數又稱身體質量指數 (Body Mass Index，縮寫為 BMI)，請利用這個關係來設計一程式輸入身高和體重，求「BMI」值，並根據下表做出分級判斷。

公式：BMI = 體重 (kg)/身高 (m²)

分級標準	身體質量指數
體重過輕	BMI < 18.5
正常範圍	18.5 ≤ BMI <24
過重	24 ≤ BMI < 27
輕度肥胖	27 ≤ BMI < 30
中度肥胖	30 ≤ BMI < 35
重度肥胖	BMI ≥ 35

10. 請設計一個求多邊形內角和的程式，輸入 n 邊形即可求出內角和。

介面配置與繪圖元件－小畫家範例

本章學習重點

● 介面配置元件

● 畫布元件

● 滑桿元件

課前導讀

到目前為止我們學過「事件驅動」的概念，以及「條件判斷」的程式技巧，有了這些基礎的概念與技巧，一般簡單的 App 程式就都可以做得出來。接下來將介紹畫布元件，詳細介紹其功能，內容分成兩個部份來說明：一為簡易的小畫家，運用內建的**被拖曳、被觸碰**事件和**畫線、畫圓**方法等，做出畫點與畫線的功能；一為進階的小畫家，使用**滑桿**元件、**線寬**屬性，結合變數和條件判斷的指令，做出可以調整線條粗細與畫出不同大小之實心圓與空心圓的功能。

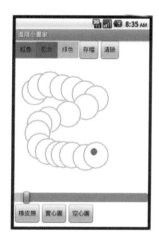

請設計一個小畫家的 App，當我們在螢幕上觸碰時會出現不同顏色的實心圓或空心圓，手指拖曳時會隨著軌跡畫出線條，並藉由滑桿可以調整線條的粗細及圓的大小，另外也可清除所繪的全部或部份圖案與存檔功能。

4-1 介面配置元件

在操作介面的設計中，當使用的元件如按鈕、文字輸入盒…等，越來越多時，元件最好能排列整齊、一目了然，這樣使用者在操作上會比較方便。**介面配置元件**就是用來調整畫面中各種元件的排列，在最新版本的 App Inventor 2 中提供 5 種介面配置元件，各有不同的排列方式，元件出現「捲動」字樣表示當放置的元件超過螢幕畫面範圍時，可以上下或左右捲動，此處我們介紹最常用的 3 種。

▍水平配置元件

將多個元件從左到右橫向排列，請將您想要橫向排列的元件放入其中即可，常用的屬性如右表所示。

屬性名稱	用途
高度	設定元件高度 (自動、填滿、像素及比例)
寬度	設定元件寬度 (自動、填滿、像素及比例)
可見性	元件是否顯示 (打勾表示顯示、取消表示隱藏)

其位置在**畫面編排**視窗內**元件面板/介面配置/水平配置**，如右圖左邊所示，排版效果如右圖所示將 3 個按鈕由左至右排列。

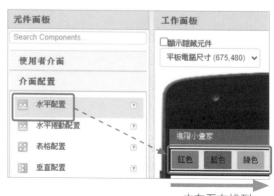

由左至右排列

表格配置元件

可將多個元件以表格方式排列，當您將元件拖曳到其中，可以選擇
往右或往下排列整齊。其位置在**畫面編排**視窗內**元件面板/介面配置/表格
配置**，如下圖左邊所示，排版效果如下圖右邊所示。

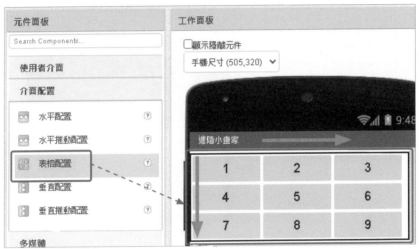

可以選擇讓元件往右或往下依序排列

此元件常用的屬性如下表所示：

屬性名稱	用途
列數	設定元件的列數 (直的部份有幾格)
行數	設定元件的欄數 (橫的部份有幾格)
高度	設定元件高度 (自動、填滿、像素及比例)
寬度	設定元件寬度 (自動、填滿、像素及比例)
可見性	元件是否顯示 (打勾表示顯示、取消表示隱藏)

> **TIP** 英文 Rows 台灣都習慣稱為列，Columns 則稱為行，也就是「直行橫列」；而 App Inventor 的翻譯可能是沿用中國大陸的習慣，將 Rows 翻為行，Columns翻為列，此處為讓讀者可以順利操作，會配合 App Inventor 所顯示的文字來說明。

垂直配置元件

　　將多個元件從上到下排列，並對齊左邊，只要將元件放入其中，就會自動縱向排列整齊。其位置在**畫面編排**視窗內**元件面板/介面配置/垂直配置**，如下圖左邊所示，排版效果如下圖右邊所示。

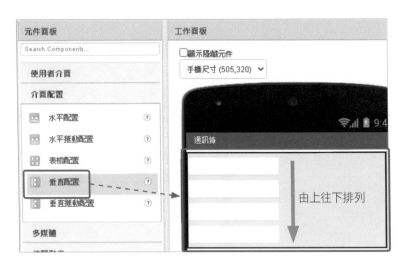

此元件所提供的屬性如下：

屬性名稱	用途
高度	設定元件高度 (自動、填滿、像素及比例)
寬度	設定元件寬度 (自動、填滿、像素及比例)
可見性	元件是否顯示 (打勾表示顯示、取消表示隱藏)

4-2　滑桿元件

　　滑桿為一個**可左右移動進度的控制軸**，其位置在**畫面編排**視窗內**元件面板/使用者介面/滑桿**，使用者可以拖曳控制軸中間的指針位置，當它移動時，就會觸發**位置變化**事件，同時回傳「**指針位置**」值，可用來動態控制其他元件的屬性值，如字體大小、球的半徑等，在本章 4-5 節的範例將用此元件來調整繪圖的筆粗大小。

常用屬性

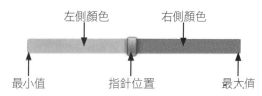

屬性	用途
左側顏色	滑桿指針位置左邊的顏色，預設顏色為橙色
右側顏色	滑桿指針位置右邊的顏色，預設顏色為灰色
寬度	設定元件寬度 (自動、填滿、像素及比例)
最大值	設定滑桿指針的最大值，預設值為 50.0
最小值	設定滑桿指針的最小值，預設值為 10.0
指針位置	設定滑桿指針的位置，預設值為 30.0
可見性	元件是否顯示 (打勾表示顯示、取消表示隱藏)

事件說明

事件	說明
當 滑桿1 位置變化 指針位置 執行	滑桿指針位置移動時呼叫本事件，**指針位置**表示目前所在的位置值

4-3 用畫布元件來繪製圖形

　　畫布位置在**畫面編排**視窗內**元件面板/繪圖動畫/畫布**。它是一矩形區域，我們可以利用各種屬性和方法，在此區域內繪製點、線等動作、簽名或製作動畫功能。

常用屬性

屬性	用途
背景顏色	設定背景顏色
背景圖片	設定背景圖片
字體大小	設定字體大小，預設值為 14.0
高度	設定元件高度 (自動、填滿、像素及比例)
寬度	設定元件寬度 (自動、填滿、像素及比例)
線寬	設定線條粗細
畫筆顏色	設定畫筆顏色
文字對齊	設定文字對齊方向　(靠左、置中、靠右)
可見性	元件是否顯示 (打勾表示顯示、取消表示隱藏)

事件說明

　　畫布元件提供的事件很多，都和觸控繪圖相關，使用的方式都差不多，這裡我們會使用的是當畫布1.被拖曳…執行。當您按住畫布元件拖曳時會觸發本事件，並執行「**執行**」框住的程式碼。此事件提供了 7 個參數，可讓您快速取得觸控點的座標或判斷元件拖曳的狀態：

- 起點X座標、起點Y座標：表示第一次拖動的點。

- 前點X座標、前點Y座標：表示上一次拖動的點。

- 當前X座標、當前Y座標：表示目前拖動的點。

- 任意被拖曳的精靈：表示動畫元件是否正被拖曳中。

其他畫布事件則如下表所述：

事件	說明
當 畫布1 ▾ 被滑過 x座標 y座標 速度 方向 速度X分量 執行	當元件用手指滑過時呼叫本事件 x座標, y座標：滑過事件的起始座標值 速度：移動速度(每毫秒像素) 方向：移動方向 (正負 0~180 度) 速度X分量：X軸向量 速度Y分量：Y軸向量 被滑過的精靈：如果為真，表示動畫精靈被滑過
當 畫布1 ▾ 被壓下 x座標 y座標 執行	當元件被手指壓下時呼叫本事件 x座標, y座標為壓下的座標點
當 畫布1 ▾ 被鬆開 x座標 y座標 執行	當手指鬆開元件時呼叫本事件 x座標, y座標為鬆開的座標點
當 畫布1 ▾ 被觸碰 x座標 y座標 任意被觸碰的精靈 執行	當元件被手指觸碰時呼叫本事件 x座標, y座標為觸碰的座標點，任意被觸碰的精靈如果為真，表示動畫精靈也被觸碰

方法說明

畫布元件也提供各種繪製方法，讓我們可以相互搭配運用，繪製出各種圖形。本章我們會用到的是畫線、畫實心圓、清除、儲存等方法。

- **畫線**：畫出從 (x1, y1) 座標到 (x2, y2) 座標的一條直線。

- **畫圓**：在座標處 x 座標，y 座標繪製一個半徑為「半徑」的實心圓形，填滿為真。(若啟用填滿為假，表示是空心圓)。

- **清除畫布**：清除畫布上的所有圖案，但不會清除背景和圖片。

- **儲存**：將畫布當下狀態存成一張圖檔，並儲存於 Android 裝置的外部儲存空間（SD 記憶卡），並回傳該檔案的完整路徑。如果發生錯誤時，會引發 Screen1 元件出現錯誤事件。

TIP 也可使用呼叫畫布1.另存為方法，即可自訂檔名。

其他方法則如下表所述：

方法	說明
呼叫 畫布1 . 畫點　x座標　y座標	在座標處 x座標, y座標畫出一個點
呼叫 畫布1 . 繪製文字　文字　x座標　y座標	在座標處 x座標, y座標顯示文字內容
呼叫 畫布1 . 沿角度繪製文字　文字　x座標　y座標　角度	在座標處 x座標, y座標顯示文字內容，並指定旋轉角度。角度為數字型態，代表逆時針旋轉的角度，從 0 開始為水平
呼叫 畫布1 . 取得背景像素顏色　x座標　y座標	取得座標處 x座標, y座標背景顏色的色碼
呼叫 畫布1 . 取得像素顏色　x座標　y座標	取得座標處 x座標, y座標顏色的色碼
呼叫 畫布1 . 設定背景像素顏色　x座標　y座標　顏色	設定座標處 x座標, y座標的背景顏色
呼叫 畫布1 . 另存為...　檔案名稱	將畫布當下狀態另存成指定的檔名，並回傳該檔案的完整路徑。其副檔名須為 .JPEG、.JPG 或 .PNG 其中之一

畫布元件繪製練習 (Paint.aia)

　　以下我們運用**水平配置元件**及**畫布元件**做出一個可自由簽名、畫圖(使用畫線方法)、清除畫布和儲存功能的小畫家。

畫面編排

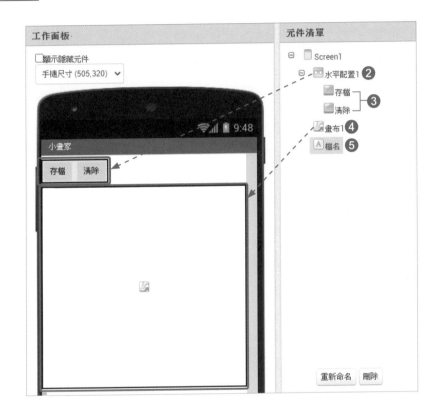

❶ 登入 App Inventor 2 後，在**專案**功能表中，按「**新增專案**」，輸入「Paint」後再按「**確定**」鈕，建立一個新的專案。

❷ 將**元件面板/介面配置/水平配置**元件拖曳至 Screen1。

❸ 將**元件面板/使用者介面/按鈕**元件拖曳 2 次至**水平配置**1 元件，同時在**元件清單**內更改名稱為「存檔」及「清除」。

❹ 將**元件面板/繪圖動畫/畫布**元件拖曳至 Screen1。

❺ 將**元件面板/使用者介面/標籤**元件拖曳至 Screen1，同時在**元件清單**內更改名稱為「檔名」。

❻ 請依照下表說明，完成各個元件的設定 (元件清單的名稱與預設值不一樣時，表示該元件有更改名稱)。

元件類別	元件清單	元件屬性設定
	Screen1	標題→小畫家
使用者介面/按鈕	存檔	文字→存檔
使用者介面/按鈕	清除	文字→清除
繪圖動畫/畫布	畫布1	寬度→填滿，高度→300 像素
使用者介面/標籤	檔名	文字→空白

TIP 元件名稱請用「重新命名」的方式修改。

程式設計

此範例我們將利用呼叫畫布1.畫線方法設計基本的繪畫功能，並提供儲存和清除圖形的延伸功能。

繪畫功能

當手指在畫布1 滑動時，觸發當畫布1.被拖曳…執行事件，使用呼叫畫布1.畫線方法在螢幕上畫出一條線。

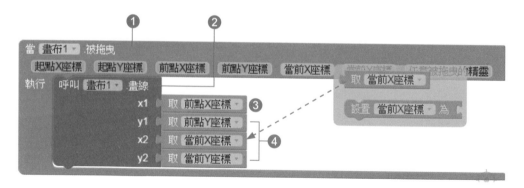

❶ Screen1/畫布1/當畫布1.被拖曳…執行事件拖曳至工作面板視窗。

❷ Screen1/畫布1/呼叫畫布1.畫線方法拖曳至當畫布1.被拖曳…執行事件內。

❸ 將游標停在當畫布1.被拖曳…執行事件前點X座標上等待出現取前點X座標，然後拖曳至 x1 的右邊。

❹ 同理將取前點Y座標拖曳至 y1 的右邊，取當前X座標拖曳至 x2 的右邊，取當前Y座標拖曳至 y2 的右邊。

儲存功能

當按下「**存檔**」鈕時，呼叫呼叫畫布1.儲存方法將所畫內容存檔。

❺ Screen1/存檔/當存檔.被點選…執行事件拖曳至工作面板視窗。

❻ Screen1/標籤1/設檔名.文字為拖曳至當存檔.被點選…執行事件內。

❼ Screen1/畫布1/呼叫畫布1.儲存拖曳至設檔名.文字為的右邊。

清除功能

當按下「**清除**」鈕時，呼叫畫布1.清除畫布方法清除所畫的內容。

❽ Screen1/清除/當清除.被點選…執行事件拖曳至右邊視窗。

❾ Screen1/畫布1/呼叫畫布1.清除畫布拖曳至當清除.被點選…執行事件內。

完成圖

完整程式碼如下圖所示：

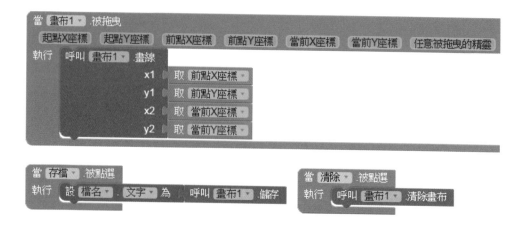

驗證執行：繪圖程式

當您連結至模擬器或實體裝置時 (詳細的連結方法請參考 1-2 節)，會出現執行畫面，您可以自由畫線或簽名，按下「**清除**」清除所畫的內容，按下「**存檔**」表示存檔，右圖畫面中顯示的「/mnt/sdcard/My Documents/ Pictures/app_inventor_1389748064858.png」是代表所存的檔案路徑及名稱。

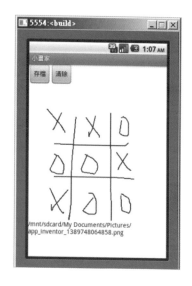

Q 按下「存檔」鈕時所出現的檔名，如何在按下「清除」鈕後消失呢？

A

將檔名.文字留空清掉即可，如右圖：

4-4 簡易小畫家 (Paint_1.aia)

在範例 Paint.aia 中,只能畫出黑色線條,無法選擇顏色,功能相當陽春,因此我們將其改良,加入紅色、藍色、綠色三種顏色的選擇,及橡皮擦清除部份所畫的圖案與觸碰(使用**被觸碰**事件)螢幕畫出一實心圓(使用**畫圓**方法)的功能。

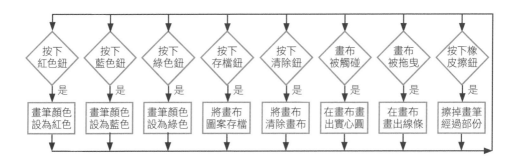

畫面編排

1
Step
登入 App Inventor 2 後,在**專案**功能表中點選「**我的專案**」後,再點選「Paint」開啟,接著再點選「**另存專案**」,輸入「Paint_1」,另存專案,如下圖所示。

2
Step
將**元件面板/使用者介面/按鈕**元件拖曳 3 次至水平配置1 元件由最左往右排列，同時在**元件清單**內更改名稱為「紅色」、「藍色」及「綠色」。

3
Step
將**元件面板/使用者介面/按鈕**元件拖曳至**畫布1** 元件下方、**檔名**元件上方，同時在元件清單內更改名稱為「橡皮擦」。

4
Step
請依照下表說明，完成各個元件的設定 (元件清單的名稱與預設值不一樣時，表示該元件有更改名稱)。

元件類別	元件清單	元件屬性設定
	Screen1	標題→簡易小畫家
使用者介面/按鈕	紅色	背景顏色→紅色，文字→紅色
使用者介面/按鈕	藍色	背景顏色→藍色，文字→藍色
使用者介面/按鈕	綠色	背景顏色→綠色，文字→綠色
使用者介面/按鈕	橡皮擦	文字→橡皮擦

5
Step
完成後如下圖所示：

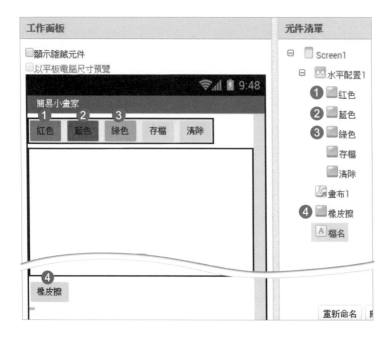

程式設計

畫筆顏色設定

當按下紅色或藍色或綠色鈕時,使用設畫布1.畫筆顏色為指令將畫筆顏色設為紅色或藍色或綠色。

1 Screen1/紅色/當紅色.被點選…執行事件拖曳至工作面板視窗。
Step

2 Screen1/畫布1/設畫布1.畫筆顏色為指令拖曳至當紅色.被點選…執行事件內。
Step

3 內件方塊/顏色/紅色指令拖曳至設畫布1.畫筆顏色為指令之後。
Step

4 同理將藍色及綠色依步驟 1~3 方式操作,但顏色分別為藍色和綠色。
Step

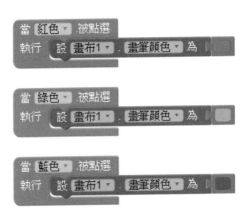

橡皮擦功能

當按下橡皮擦鈕時,使用設畫布1.畫筆顏色為指令將畫筆顏色設為白色,藉此清除已畫的線條。

5 Screen1/橡皮擦/當橡皮擦.被點選…執行事件拖曳至工作面板視窗。
Step

6
Step 複製步驟 2 的設畫布1.畫筆顏色為指令貼上至當橡皮擦.被點選…執行事件內,將畫筆顏色改為白色。

當 橡皮擦 ▾ 被點選
執行 設 畫布1 ▾ . 畫筆顏色 ▾ 為 ☐

繪製圓形

當手指觸摸到**畫布1**時,會呼叫呼叫畫布1.畫圓方法在螢幕畫出一個半徑為 5 的實心圓。

7
Step Screen1/畫布1/當畫布1.被觸碰…執行事件拖曳至工作面板視窗。

8
Step Screen1/畫布1/呼叫畫布1.畫圓方法拖曳至當畫布1.被觸碰…執行事件內。

9
Step 將游標停在當畫布1.被觸碰…執行事件x座標上等待出現取x座標,然後拖曳至圓心x座標右邊,再將取y座標拖曳至圓心y座標的右邊。

10
Step 內件方塊/數學/0 指令拖曳至半徑的右邊,同時更改數字為「5」。

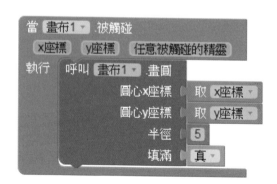

完成圖

完成後完整程式碼如下：

```
當 畫布1 ▾ 被拖曳
  起點X座標  起點Y座標  前點X座標  前點Y座標  當前X座標  當前Y座標  任意被拖曳的精靈
  執行  呼叫 畫布1 ▾ .畫線
                      x1  取 前點X座標 ▾
                      y1  取 前點Y座標 ▾
                      x2  取 當前X座標 ▾
                      y2  取 當前Y座標 ▾
```

```
當 存檔 ▾ .被點選
  執行  設 檔名 ▾ . 文字 ▾ 為  呼叫 畫布1 ▾ .儲存
```

```
當 紅色 ▾ .被點選
  執行  設 畫布1 ▾ . 畫筆顏色 ▾ 為
```

```
當 清除 ▾ .被點選
  執行  呼叫 畫布1 ▾ .清除畫布
```

```
當 綠色 ▾ .被點選
  執行  設 畫布1 ▾ . 畫筆顏色 ▾ 為
```

```
當 畫布1 ▾ .被觸碰
  x座標  y座標  任意被觸碰的精靈
  執行  呼叫 畫布1 ▾ .畫圓
                      圓心x座標  取 X座標 ▾
                      圓心y座標  取 y座標 ▾
                      半徑  5
                      填滿  真 ▾
```

```
當 藍色 ▾ .被點選
  執行  設 畫布1 ▾ . 畫筆顏色 ▾ 為
```

```
當 橡皮擦 ▾ .被點選
  執行  設 畫布1 ▾ . 畫筆顏色 ▾ 為
```

▌ 驗證執行：簡易小畫家程式

當您連結至模擬器或實體裝置時，會出現如右畫面，您可以選不同的顏色畫點或線看看，並利用「橡皮擦」功能清除畫面。

畫筆顏色預設值為黑色，必須重新指定才會設定成別的顏色，我們可以利用畫布1 元件的屬性**畫筆顏色**來設定，或用當Screen1.初始化…執行，螢幕初始化事件來達到這個目的，如下圖所示，將一開始的畫筆顏色設為紅色。

> **TIP** 如果是使用 AI Companion 連線測試，可以使用**連線/Refresh Companion Screen**來讓畫面重置，即可馬上看到效果。

4-5　進階小畫家 (Paint_2.aia)

　　在測試完簡易小畫家後發現，雖然可以畫出不同顏色的點和線，但其筆粗大小卻都是一樣的，無法改變，所以在這個範例，我們打算加入**滑桿**元件來調整線條與點的粗細和畫出實、空心圓的功能。點的大小由畫圓中**半徑**來決定，而線條的粗細則由**線寬**屬性控制。

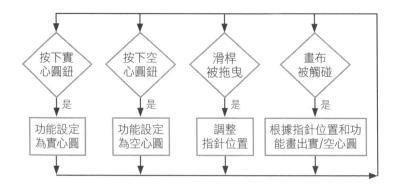

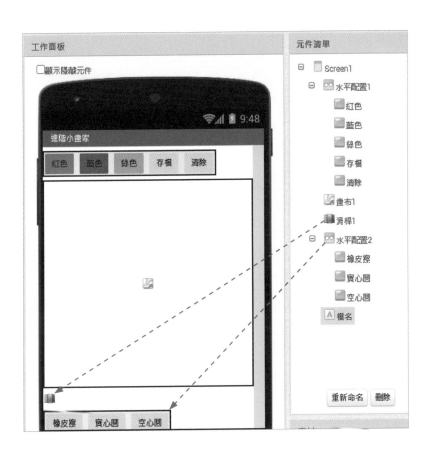

畫面編排

1
Step

登入 App Inventor 2 後，在**專案**功能表中點選「**我的專案**」後，再點選「Paint_1」開啟，接著再點選「**另存專案**」，輸入「Paint_2」，另存專案。

2
Step

請依照右表說明，完成各個元件的設定。

元件類別	元件清單	元件屬性設定
	Screen1	標題→進階小畫家 允許捲動 → 打勾
使用者介面/滑桿	滑桿 1	最小值→1 寬度 → 填滿
介面配置/水平配置	水平配置 2	不用設定
使用者介面/按鈕	實心圓	文字→實心圓
使用者介面/按鈕	空心圓	文字→空心圓

程式設計

本範例承自 4-4 節，將簡易小畫家程式加上圖形切換、調整筆粗功能，從 Paint_1.aia 範例另存專案後，接續以下說明來操作。

圖形切換

本例提供繪製實心圓和空心圓兩種圖形，我們將使用**全域變數**功能來切換實心圓及空心圓的繪製。

Step 1 指定當按下**實心圓**時將功能設為實心圓，按下**空心圓**時，則將功能設為空心圓 (預設為實心圓)。

筆粗控制

筆粗大小我們將利用**滑桿**元件來調整，依據滑桿的**指針位置**來決定筆粗大小：

Step 2 請修改原來的**被拖曳**事件，加入線條粗細控制程式碼，設畫布1.線寬為「滑桿1.指針位置」，移動時線寬會跟著調整。

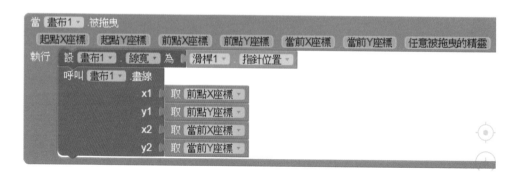

3 修改原來的**被觸碰**事件，加入繪製實心圓、空心圓及調整圓的大小程
式碼。

Step

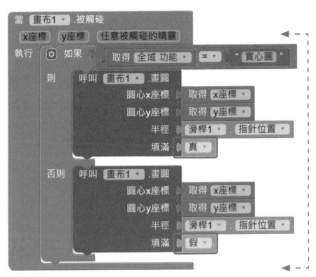

加入「如果...則...否則」積木。當 global 功能="實心圓"時，填滿繪出實心圓，否則不填滿繪出空心圓。

驗證執行：進階小畫家程式

當您連結至模擬器或實體裝置時，會出現如右畫面，您可以自由繪畫看看，並利用色塊和滑桿調整畫筆的顏色和粗細。

課後評量

1. (　　　) **水平配置**元件，可將放入的元件做垂直的排版。

2. (　　　) **表格配置**元件中屬性**行數**表示設定欄數 (橫的部份)。

3. (　　　) **畫布**元件**被拖曳**事件內第 1 次拖動時的那一點座標叫起點x座標, 起點y座標。

4. (　　　) **畫布**元件中屬性**線寬**是用來設定線條粗細。

5. (　　　) **畫布**元件中**儲存**方法存檔後，其副檔名為 png。

6. (　　　) 滑桿元件可以做為輸出來回傳數值。

7. (　　　) 畫布元件的背景顏色無法修改。

8. 如果將 Paint.aia 內程式設計視窗的步驟 3，取前點x座標改成取起點x座標，取前點y座標改成取起點y座標，結果會變成如何呢？

9. 如果要繪製出一個空心矩形，您該如何做呢？

10. 在進階小畫家的範例中，我們如何知道現在的線條粗細及顏色呢？請將原有的 3 原色增加為彩虹的七彩顏色。

CHAPTER

迴圈與副程式—
體感抽籤範例

本章學習重點

- 迴圈
- 清單
- 加速度感測器
- 副程式

課前導讀

抽籤原是占卜的一種形式，後來演變為許多人用來公平選擇的工具。本章我們將以**對於任意數字範圍從⋯到⋯每次增加⋯執行**迴圈加上清單方法做出一個抽籤的 App，讓使用者可以設定抽籤的範圍產生號碼。

我們將範例分為兩個階段，一是簡易的抽籤程式，另一個則是加入體感操作功能，並考慮抽籤會抽到重複的情況。

5-1 迴圈指令

迴圈是指重複執行的指令，是一般程式設計中很常使用的一種流程控制，也是運算思維中重要的觀念，App Inventor 2 提供了 3 種迴圈控制指令，這裡我們先介紹對於任意數字範圍從…到…每次增加...執行和當滿足條件…執行兩種指令，另一種指令對於任意清單項目清單…執行將在 5-2 節中介紹「清單」。

「對於任意數字範圍從...到...每次增加...執行」指令

指令位於**程式設計/內件方塊/流程控制**之內，根據「**從、到和每次增加**」三個數字之間的關係來決定**執行**裏面程式的執行次數，您可自由設定從、到和每次增加，藉由停駐在**數字**處來**取**或**設置…為**數字變數或在**數字**處按一下來修改變數名稱，如右圖所示。

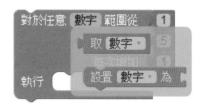

對於任意數字範圍從…到…每次增加…執行迴圈的**從、到和每次增加**這 3 個數值可正、可負也可以有小數，但若不合邏輯，則迴圈不會執行，執行的狀況如右表所示：

從	到	每次增加	執行次數
小	大	正值	(到 - 從 + 每次增加)/ 每次增加
小	大	負值	程式不執行
大	小	正值	程式不執行
大	小	負值	(從 - 到 - 每次增加)/ (-每次增加)

TIP 此處的「從…」、「到…」都是 >= 或 <= 的關係，所以會包含該數字。

以上表第 1 種狀況為例，可以畫成如下的流程圖：

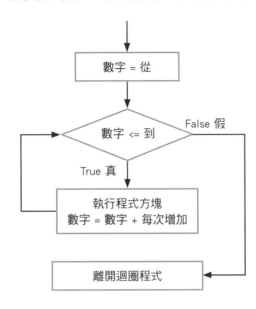

練習範例 1

假設，我們要從 1 到 3，間隔為 1，每次執行就輸出數字並以逗號間隔，則程式如下：

當按下按鈕1 後先設定標籤1.文字為空白，並開始執行對於任意數字範圍從…到…每次增加…執行迴圈部分，會依序輸出數字的內容再加上一個逗號，實際標籤1.文字的輸出結果為1, 2, 3,。

練習範例 2

再舉一個例子，如果要從 1 累加數字到 10，每次間隔為 1，則程式如下：

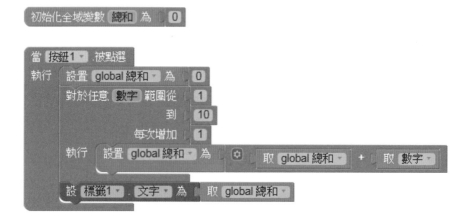

當按下按鈕1 後先設定變數總和為 0，並開始執行對於任意數字範圍從⋯到⋯每次增加⋯執行迴圈部分，會依序將數字累加到總和中，迴圈結束總和的內容為 1 到 10 加總結果，總和＝0 + 1 + 2 + ⋯ + 9 + 10 = 55，所以標籤1.文字的輸出結果為 55。

「當滿足條件...執行」指令

指令位於**程式設計/內件方塊/流程控制**之內，根據滿足條件來決定迴圈執行與否，當滿足條件為 True 時執行執行內的程式碼，直到滿足條件為 False。

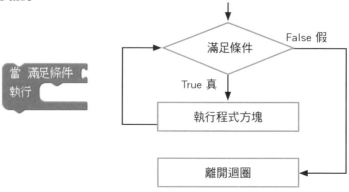

練習範例

初始化全域變數 總和 為 0

初始化全域變數 數字 為 0

當 按鈕1 被點選
執行 設置 global 總和 為 0
　　 設置 global 數字 為 1
　　 當 滿足條件　　取 global 數字 ≤ 10
　　 執行 設置 global 總和 為 ⚙ 取 global 總和 + 取 global 數字
　　　　 設置 global 數字 為 ⚙ 取 global 數字 + 1
　　 設 標籤1 文字 為 取 global 總和

　　這裡我們將前述範例 1 到 10 的累加題目，改用當滿足條件…執行迴圈來實作，當按下按鈕1 後，先設定變數總和為 0，變數數字為 1，然後進入當滿足條件…執行迴圈，變數數字會持續加 1，並將累加的結果存到變數總和，當數字大於 10 後會離開迴圈並輸出累加結果為 55。

5-2 清單

　　App Inventor 2 中的**清單就是一般程式語言中的「陣列」**。而「陣列」就像是一個社區，社區內的整排房子都是同一個地址，只有最後的門牌號碼不一樣，當寄信的郵差來送信時，可以根據這個門牌號碼來投遞信件，住戶就可以準確地收到。同樣的，清單內也包含許多元素，當我們要存取清單的內容，除了指定**清單名稱**外，**也要指定清單內的編號**，才能取得你要的內容。

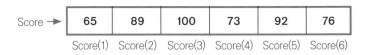

清單使用時跟變數一樣，必須先宣告才能使用，因此清單在使用時需先宣告一個清單內容，可以是空清單也可先存入資料，然後配合清單或對於任意清單項目清單為…執行指令來操作。建立好清單後，就可以將資料存入或取出，以下就以一個範例來示範清單的建立、新增、插入、刪除等動作。

> **TIP** 變數名稱前有 global 表示全域變數，只有變數名稱表示區域變數，可用於 5-5 節介紹的副程式中 (副程式外就不會出現此變數)。請注意在 App Inventor 2 的清單編號是從 1 開始，而多數程式設計中的陣列編號是從 0 開始。

常用清單指令

　　清單指令位於**程式設計/內件方塊/清單**之內，常用的指令如下所示：

名稱	圖形	功能
建立空清單	⚙ 建立空清單	建立一個空的清單，並藉由藍色底框齒輪調整要增加的元素項目
建立清單	⚙ 建立清單	將指定的元素建立一個清單，並藉由藍色底框齒輪調整要增加的元素項目
增加清單項目	⚙ 增加清單項目　清單　item	將指定內容 item 接在清單的後面，並藉由藍色底框齒輪調整要增加的項目
檢查清單	檢查清單中是否含對象	若指定的清單項存在於清單中則傳回 true，否則傳回 false
求清單長度	求清單長度　清單	傳回清單的長度，也就是清單內元素的數目
清單是否為空?	清單是否為空?　清單	如果清單為空則傳回 true，否則傳回 false
隨機選取清單項	隨機選取清單項　清單	從清單中隨機取任一元素內容
求清單項位置	求對象在清單中的位置	傳回指定對象位於清單的位置，若為 0 表示清單中不包含指定的內容

接下頁

名稱	圖形	功能
選擇清單	選擇清單 中索引值為 的清單項	取得清單指定索引值位置的元素內容
插入清單	在清單 的第 項處插入清單項	將指定清單項插入清單的指定第 n 項位置
取代清單	將清單 中索引值為 的清單項取代為	將清單的指定位置索引值以新的內容取代
刪除清單	刪除清單 中第 項	從清單中刪除指定第 n 項位置的元素內容
附加清單	將清單 中的所有項附加到清單 中	將上面的清單附加至下面的清單後面
複製清單	複製清單 清單	複製整個清單內容
對象是否為清單?	對象是否為清單? 對象	如果指定的對象格式為清單格式，則傳回 true，否則傳回 false
清單轉 CSV 格式	清單轉CSV格式 清單	將清單內容轉換成以逗點分隔的 CSV 格式
清單轉 CSV 表格	清單轉CSV表格 清單	將清單內容轉換成單行的 CSV 表格
CSV 列轉清單	CSV列轉清單 文字	將 CSV 列的資料轉成清單內容
CSV 表格轉清單	CSV表格轉清單 CSV文字	將 CSV 表格的資料轉成清單內容
查找關鍵字	在鍵值對 中查找關鍵字 ，如未找到即回傳 " not found "	用以查找字典式結構的清單訊息

練習範例 1

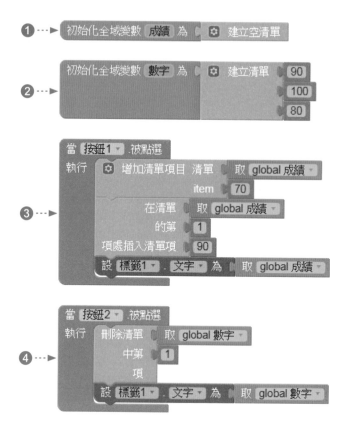

① 宣告**成績**變數為空的清單。

② 宣告**數字**變數為清單，其資料內容為 (90 100 80)。

③ 當**按鈕1** 按下後，將**成績清單**加入 70 資料項，此時**成績清單**內容為 (70)，接著在第 1 個位置插入 90 資料項，此時**成績清單**內有 2 個資料項 (90 70)，故**標籤1.文字**為 (90 70)。

④ 當**按鈕2** 按下後，將**數字清單**中第 1 個項目移除 (90 100 80)，此時**數字清單**內剩 2 個資料項 (100 80)，故**標籤1.文字**為 (100 80)。

TIP 按鈕 1 及按鈕 2 只能按 1 次，否則結果會跟上述的情況不一樣。

練習範例 2

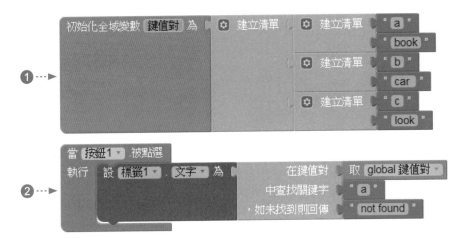

❶ 宣告**鍵值對**變數為一個二維清單變數。

❷ 當**按鈕 1** 按下後，以關鍵字「a」尋找**鍵值對**的內容，此時會傳回「book」。

「對於任意清單項目清單⋯執行」指令

若程式中已建立好清單，可以利用對於任意清單項目清單⋯執行迴圈指令，將清單的內容讀出，迴圈執行次數根據清單元素決定，此指令位於**程式設計/內件方塊/流程控制**之內。

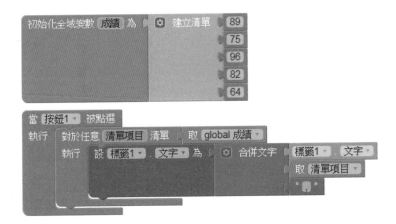

標籤1.文字的輸出結果為 89, 75, 96, 82, 64, 因為清單共有 5 個元素，迴圈共執行 5 次。

5-3 簡易抽籤範例 (Ballot.aia)

學完前述的對於任意清單項目清單…執行迴圈及清單後，我們可以將之結合成為簡易抽籤的 App，利用對於任意清單項目清單…執行迴圈指令將數字放入清單內來製作籤支的數量，以隨機選取清單項指令做為抽取籤支的動作。

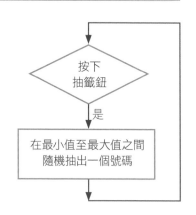

▌畫面編排

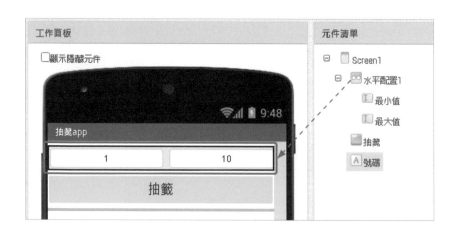

1
Step
登入 App Inventor 2 後，在**專案**功能表中，點選「**新增專案**」，輸入「Ballot」後再按「**確定**」鈕，建立一個專案。

2
Step
將**元件面板/介面配置/水平配置**元件拖曳至 Screen1。

3
Step
將**元件面板/使用者介面/文字輸入盒**元件拖曳 2 次至水平配置1 元件，同時在**元件清單**內更改名稱為「**最小值**」及「**最大值**」。

4
Step
將**元件面板/使用者介面/按鈕、標籤**元件分別拖曳至 Screen1。

5
Step
請依照下表說明，完成各個元件的設定 (元件清單的名稱與預設值不一樣時，表示該元件有更改名稱)。

元件類別	元件清單	元件屬性設定
	Screen1	標題→抽籤 App
使用者介面/文字輸入盒	最小值	提示→請輸入最小值?，文字對齊→置中，文字→1，僅限數字打勾
使用者介面/文字輸入盒	最大值	提示→請輸入最大值?，文字對齊→置中，文字→10，僅限數字打勾
使用者介面/按鈕	抽籤	字體大小→20，文字→抽籤，寬度→填滿…
使用者介面/標籤	號碼	字體大小→60，文字→空白 文字對齊→置中，寬度→填滿…

程式設計

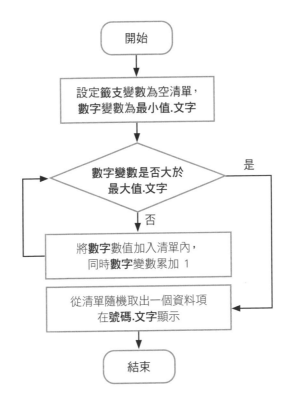

建立清單

1
Step
內件方塊/變數/初始化全域變數變數名為指令拖曳至工作面板視窗，同時更改名稱為籤支。

2
Step
內件方塊/清單/建立空清單指令拖曳至初始化全域變數籤支為指令後。

初始化全域變數 籤支 為 ⚙ 建立空清單

新增清單內容

3
Step
Screen1/按鈕1/當抽籤.被點選…執行事件拖曳至右邊視窗。

4
Step
內件方塊/變數/設置…為指令拖曳至當抽籤.被點選…執行事件內，並設定成設置 global 籤支為。

5
Step
內件方塊/清單/建立空清單指令拖曳至設置 global 籤支為指令後。

6
Step
內件方塊/流程控制/對於任意數字範圍從…到…每次增加…執行指令拖曳至設置 global 籤支為指令下方。

7
Step
Screen1/最小值/最小值.文字拖曳至對於任意數字範圍從…到…每次增加…執行指令從之後，並刪除 1。

8
Step
Screen1/最大值/最大值.文字拖曳至對於任意數字範圍從…到…每次增加…執行指令到之後，並刪除 5。

9
Step
內件方塊/清單/增加清單項目指令拖曳至對於任意數字範圍從…到…每次增加…執行指令內。

10
Step
內件方塊/變數/取指令拖曳兩次至增加清單項目指令清單及 item 之後，並分別設定為取 global 籤支、取數字。

當 抽籤 ▾ 被點選
執行　設置 global 籤支 ▾ 為　⚙ 建立空清單
　　　對於任意 數字 ▾ 範圍從　最小值 ▾　文字 ▾
　　　　　　　　　到　最大值 ▾　文字 ▾
　　　　　　每次增加　1
　　　執行　⚙ 增加清單項目 清單　取 global 籤支 ▾
　　　　　　　　　　　 item　取 數字 ▾

從清單中抽出數字

11
Step
Screen1/號碼/設號碼.文字為指令拖曳至對於任意數字範圍從…到…每次增加…執行指令之下。

12
Step
內件方塊/清單/隨機選取清單項 清單指令拖曳至設號碼.文字為指令後面。

13
Step
內件方塊/變數/取指令拖曳至隨機選取清單項 清單指令後，並定為取 global 籤支，完成後會如下圖所示。

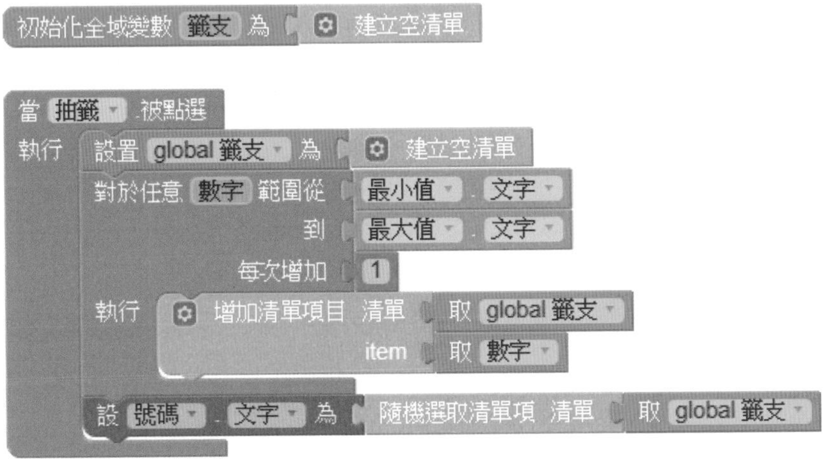

初始化全域變數 籤支 為　⚙ 建立空清單

當 抽籤 ▾ 被點選
執行　設置 global 籤支 ▾ 為　⚙ 建立空清單
　　　對於任意 數字 ▾ 範圍從　最小值 ▾　文字 ▾
　　　　　　　　　到　最大值 ▾　文字 ▾
　　　　　　每次增加　1
　　　執行　⚙ 增加清單項目 清單　取 global 籤支 ▾
　　　　　　　　　　　 item　取 數字 ▾
　　　設 號碼 ▾ . 文字 ▾ 為　隨機選取清單項 清單　取 global 籤支 ▾

驗證執行：抽籤程式

　　當您連結至模擬器時，會出現執行畫面，您可以按下「**抽籤**」鈕產生號碼，如右圖所示。

TIP 在最大值欄位中請勿輸入太大的數值，如 100 以上，若數字太大則反應會變慢，就像當機一樣。

Q 請問這個程式所產生的數字和「亂數」指令所產生的數字有何不同之處？

A 就結果而論是相同的，但用亂數產生的數字並非存在清單中，無法延續後面的內容做籤支的移除。
若用亂數產生的數字再放入清單中，不如直接用清單指令來完成即可。

5-4 加速度感測器

　　加速度感測器的功能是測量三軸 (x分量、y分量、z分量) 的加速度值，單位為 m/s^2，**通常用來偵測手機晃動 (shaking) 的程度**。元件位於感測器內的**加速度感測器**，事件或指令則位於**程式設計/Screen1/加速度感測器 1** 內。

　　當您「正面」對著「行動裝置的顯示面」時，我們可以定義出三軸的方向：「左右為 X 軸」、「上下為 Y 軸」、「前後為 Z 軸」，這三個軸向都會受到加速度的影響，其數值在沒有外力搖晃的狀況下，約為 -9.8~9.8 之間，單位為 m/s^2。三軸的作用說明如下：

- X 軸：螢幕朝上時，螢幕向左翻轉時為正，反之向右為負。

- Y 軸：螢幕朝上時，螢幕向自己翻轉時為正，反之為負。

- Z 軸：螢幕朝上為正，螢幕朝下為負。

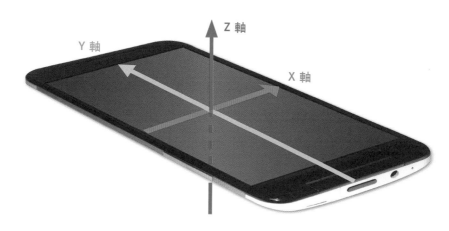

事件說明

App Inventor 2 中提供兩個加速度感測器的事件，可用來偵測手機晃動或感測值變化的狀況：

事件	功能
當 加速度感測器1 ▾ .被晃動 執行	當 Android 裝置時正被晃動會持續呼叫本事件，可藉由最小間隔 (ms) 屬性調整晃動的最短時間
當 加速度感測器1 ▾ .加速度變化 X分量 Y分量 Z分量 執行	當加速度感測器值變化時呼叫本事件，x分量、y分量、z分量分別代表 x、y、z 三軸的值

常用屬性

若有需要，也可以在 App Inventor 2 中調整加速度感測器的晃動判斷時間、敏感度等屬性，或者直接啟動或關閉感測器。

屬性	圖形	功能
啟用	設 加速度感測器1▼ . 啟用▼ 為	設定加速度感測器啟動與否
最小間隔	設 加速度感測器1▼ . 最小間隔（ms）▼ 為	設定晃動的最小時間，單位為毫秒
敏感度	設 加速度感測器1▼ . 敏感度▼ 為	設定感測敏感度，有弱、適中、高三種選擇

加速度感測器練習範例 (Accelerometer.aia)

以下用一個範例來顯示行動裝置的三軸 (x分量、y分量、z分量) 變化值。我們將利用標籤元件將加速度感測器的三軸感測值顯示出來。

畫面編排

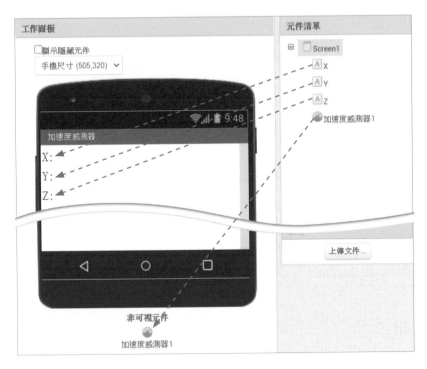

1 登入 App Inventor 2 後，在**專案**功能表中，按「**新增專案**」，輸
Step 入「Accelerometer」後再按「**確定**」鈕，建立一個新的專案。

2
Step
將**元件面板/感測器/加速度感測器**元件拖曳至 Screen1。

3
Step
將**元件面板/使用者介面/標籤**元件拖曳 3 次至 Screen1。

4
Step
請依照下表說明，完成各個元件的設定 (元件清單的名稱與預設值不一樣時，表示該元件有更改名稱)。

元件類別	元件清單	元件屬性設定
	Screen1	標題→加速度感測器
使用者介面/標籤	X	字體大小→20，文字→X:
使用者介面/標籤	Y	字體大小→20，文字→Y:
使用者介面/標籤	Z	字體大小→20，文字→Z:

程式設計

本範例將新增一個加速度感測器元件，然後當感測器數值有變化時，將 X、Y、Z 軸的加速度數值顯示出來。

1
Step
Screen1/加速度感測器1/當加速度感測器1.加速度變化…執行事件拖曳至工作面板視窗。

2
Step
Screen1/X/設X.文字為指令拖曳至當加速度感測器1.加速度變化…執行事件內。

3
Step
內件方塊/文字/合併文字指令拖曳至設X.文字為右邊。

4
Step
內件方塊/文字/字串指令拖曳至合併文字指令之後，同時更改內容為「X:」。

5
Step
將游標停在當加速度感測器1.加速度變化…執行事件 x分量上，等待出現取 x分量，然後拖曳至合併文字指令後。

6
Step
同理標籤2、標籤3 依此類推，完成後會如下圖所示。

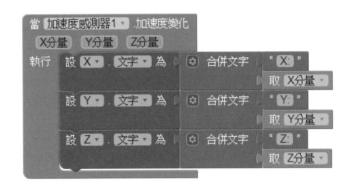

驗證執行：加速度感測程式

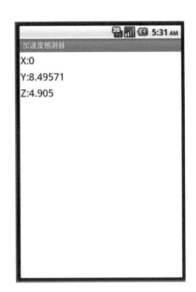

　　當您連結至模擬器或行動裝置時，會出現執行畫面，要注意的是，在模擬器內數字是不會變動的，必須接至行動裝置才有作用。當您接至行動裝置時，請將裝置平放，顯示面朝上，此時將左邊抬起，X值是否變成負的呢?試試其他邊抬起，檢查是否和加速度感測器的解說一樣呢?

5-5 副程式

　　當我們撰寫好的程式片段需要重複使用時，最簡單的做法就是重複的複製、貼上程式片段，但這樣做的結果會讓程式碼變得很長很大，造成日後不容易維護或找出錯誤，此時「**副程式**」的觀念便因應而生。副程式的意思就是將會重複使用的程式片段，集中成一個小程式，賦予一個程式名稱，在需要用時就以此名稱呼叫它來執行，如此一來便可達到重複使用的目的。

副程式宣告指令及呼叫指令位於 **內件方塊/程序** 之內，使用時可點藍色底框處選取要增加的參數，也可直接點選參數 x 處修改參數名稱，如右圖所示：

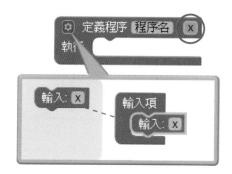

▌相關指令

指令	圖形	功能
定義程序…執行	⚙ 定義程序 程序名 執行	使用時以呼叫程序名來呼叫，直接點程序名處可以重新命名，點藍色底框可以增加傳入的參數
定義程序…回傳	⚙ 定義程序 程序名2 回傳	本指令與上面相同，但會回傳一個傳回值

練習範例 1

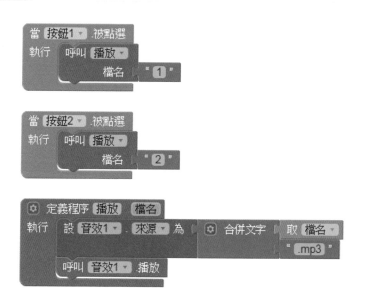

這裡我們將播放音效功能製作成一個副程式，首先宣告一個**播放**副程式，傳入參數為**檔名**，程式一開始設定音效1 的聲音來源為**檔名.mp3**，其中「**檔名**」為傳入的參數，接著播放聲音。當我們按下按鈕1 時，會呼叫播放副程式，同時傳入參數1，此時在播放副程式就會播放 1.mp3 的音效，同理按下按鈕2 時會播放 2.mp3 的音效。

練習範例 2

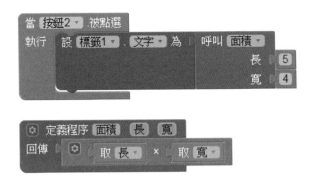

首先宣告一個**面積**副程式，傳入參數為**長**和**寬**，傳回值為長×寬。當按下按鈕2 時，會呼叫面積副程式，傳入參數長 = 5，寬 = 4，此時計算面積 = 長×寬 = 5×4 = 20。

5-6 體感手搖版抽籤程式(Ballot_1.aia)

上一個範例 Ballot.aia 程式在執行後會出現兩種狀況，一是抽籤鈕多按幾次就會發現數字有重複產生的情形，這種現象就像是抽完籤又把籤支放回籤桶內，所以只要把抽完籤的號碼拿掉(刪除清單)，下次就不會再抽到了；一是抽籤範圍數字的設定，如果出現最小值大於最大值的情形，程式就會出現錯誤訊息，因此在程式內就必須判斷數字的大小，以克服錯誤的產生。同時為了增加抽籤的樂趣，我們以**加速度感測器**元件製作手搖體感控制的功能，當搖晃行動裝置時便會自動抽籤。

畫面編排

1
Step
登入 App Inventor 2 後，在**專案**功能表中點選「**我的專案**」後，再點選「Ballot」開啟專案，接著再點選「**另存專案**」，輸入「Ballot_1」，建立一個新專案。

2
Step
將**工作面板/感測器/加速度感測器**元件拖曳至 Screen1 內，完成後如下圖所示。

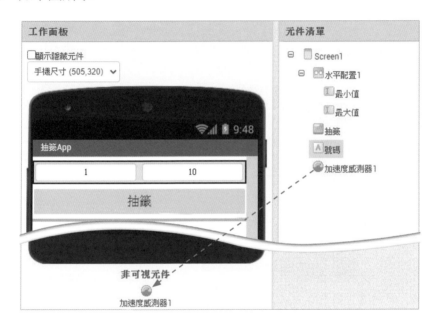

程式設計

我們先修改抽籤的機制，將抽過的數字刪掉避免重複抽到，後續再處理數值錯誤以及體感抽籤的功能，以下就增加或修改部份來說明：

1
Step
宣告**籤支**變數儲存產生的籤支號碼清單；**初始化變數**判斷是否要重新產生籤支號碼，**假**/要，**真**/不要。

2
Step 假如最小值小於等於最大值時，執行籤支產生及抽籤程式碼，否則顯示錯誤訊息「最大值不能小於最小值!」。

3
Step 當初始化變數為真時，表示還沒產生籤支號碼或號碼已被抽完，需要重新產生，該程式碼應該接到上述如果…則…否則的則內。

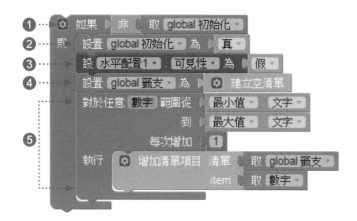

❶ 再建立一個「如果...則」的條件，條件判斷式為**初始化為真**。

❷ 設定**初始化**變數為真，表示已產生完籤支號碼。

❸ 將輸入的**文字輸入盒**隱藏起來，避免使用者再次輸入。

❹ 將**籤支**變數設為空的清單。

❺ 依序從最小值到最大值，每次增加 1 所產生的號碼加進**籤支**清單內。

4
Step

產生籤支清單後，接著從清單中隨機抽取號碼，然後將此號碼從清單中移除。

初始化全域變數 籤支 為 ⚙ 建立空清單

初始化全域變數 初始化 為 假

當 抽籤 .被點選
執行 ⚙ 如果 │ 最小值 . 文字 ≤ 最大值 . 文字
　　則 ⚙ 如果 非 取 global 初始化
　　　　則 設置 global 初始化 為 真
　　　　　　設 水平配置1 . 可見性 為 假
　　　　　　設置 global 籤支 為 ⚙ 建立空清單
　　　　　　對於任意 數字 範圍從 最小值 . 文字
　　　　　　　　　　　　　　到 最大值 . 文字
　　　　　　　　　　每次增加 1
　　　　　　執行 ⚙ 增加清單項目 清單 取 global 籤支
　　　　　　　　　　　　　　 item 取 數字

❶ ⋯⋯ 設 號碼 . 文字 為 隨機選取清單項 清單 取 global 籤支
　　　 刪除清單 取 global 籤支
❷ ⋯⋯　 中第 求對象 號碼 . 文字
　　　　　　 在清單 取 global 籤支
　　　　　　 中的位置
　　　　　　 項
　　　 ⚙ 如果 清單是否為空? 清單 取 global 籤支
❸ ⋯⋯　 則 設置 global 初始化 為 假
　　　　　　 設 水平配置1 . 可見性 為 真

　　 否則 設 號碼 . 文字 為 " 最大值不能小於最小值! "

❶ 設號碼.文字為顯示從**籤支**清單隨機抽取的號碼。

❷ 將顯示的號碼從**籤支**清單中移除。

❸ 假如清單是空的，將變數**初始化**設為假，同時顯示輸入的**文字輸入盒**。

驗證執行：抽籤程式

至此我們先用模擬器測試一下現階段程式的功能，請您連結至模擬器或行動裝置，出現執行畫面後，請按下**抽籤**鈕就會產生抽籤的號碼，同時輸入的文字方塊會隱藏起來，直到抽籤完成才會再出現。

修正數值輸入錯誤問題

在剛剛測試的模擬結果中，如果將數字 1 刪除後，再按下**抽籤**鈕會發生什麼事呢？

雖然我們使用**僅限數字**的屬性來避免輸入非數字問題，但使用者如果以空白的內容輸入，也會造成程式出現錯誤訊息，因此我們用不同於第 3 章的方式來解決這個問題，以**內件方塊/數學**下的是否為數字?指令來克服這種現象，將程式中的內容如下圖修改。

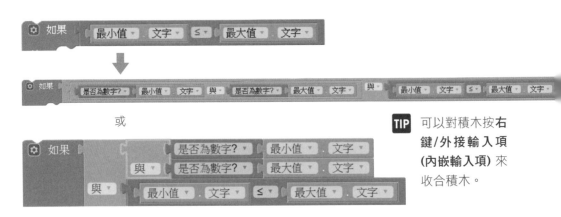

TIP 可以對積木按**右鍵/外接輸入項 (內嵌輸入項)** 來收合積木。

加入體感手搖操作功能

確認抽籤占卜程式的功能正常後，最後再加入體感手搖操作部份的程式碼，請依下列步驟加入程式碼：

初始化全域變數 籤支 為 ❂ 建立空清單

初始化全域變數 初始化 為 假

❂ 定義程序 抽籤
執行 ❂ 如果 ❂ 與 是否為數字? 最小值 . 文字
                     是否為數字? 最大值 . 文字
                     最小值 . 文字 ≤ 最大值 . 文字
❶···▶
    則 ❂ 如果 非 取 global 初始化
        則 設置 global 初始化 為 真
           設 水平配置1 . 可見性 為 假
           設置 global 籤支 為 ❂ 建立空清單
           對於任意 數字 範圍從 最小值 . 文字
                         到 最大值 . 文字
                     每次增加 1
           執行 ❂ 增加清單項目清單 取 global 籤支
                            item 取 數字

       設 號碼 . 文字 為 隨機選取清單項清單 取 global 籤支
       刪除清單 取 global 籤支
         中第 求對象 號碼 . 文字
              在清單 取 global 籤支
              中的位置
         項

       ❂ 如果 清單是否為空?清單 取 global 籤支
        則 設置 global 初始化 為 假
           設 水平配置1 . 可見性 為 真

    否則 設 號碼 . 文字 為 " 最大值不能小於最小值 !"

❷···▶ 當 抽籤 .被點選
      執行 呼叫 抽籤

❸···▶ 當 加速度感測器1 .被晃動
      執行 呼叫 抽籤

❶ 宣告一個**抽籤**副程式，並將原先當抽籤.被點選…執行內的所有程式碼移至此處。

❷ 將內件方塊/程序/呼叫抽籤放入此處，當按下**抽籤鈕**時執行。

❸ 當行動裝置搖晃時會執行**抽籤**副程式，並抽出號碼。

驗證執行：體感抽籤程式

上述步驟後，完整版的體感抽籤程式就完成了，請在實體行動裝置上安裝並搖晃手機，查看是否執行抽籤程式。

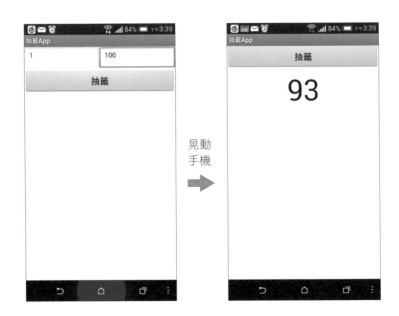

晃動手機

TIP iOS 系統在抽籤一輪後，原置中的字會變靠左，請注意。

課後評量

1. (　　) 對於任意數字範圍從⋯到⋯每次增加⋯執行指令內,若設從 2 到 1,每次增加 1,則執行會出現程式錯誤。

2. (　　) App Inventor 2 的清單編號是從 0 開始的。

3. (　　) 副程式指令中「程序」的名稱是可以重新命名的。

4. (　　) 將行動裝置平放在桌面上時,Y 軸受地心引力的影響,約為 $9.8m/s^2$。

5. (　　) 只有行動裝置能看到加速度感測器的數值變化。

6. (　　) 可以為重複的程式片段建立副程式,其中可以傳入多個參數。

7. 如果將下圖上方的如果⋯則條件判斷式改成如下圖下方的程式碼,會發生什麼情形呢?有何不對呢?

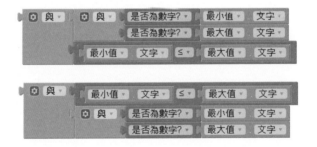

8. 在內件方塊/流程控制內有一個當滿足條件⋯執行指令,請將 Ballot_1.aia 範例程式中的對於任意數字範圍從⋯到⋯每次增加⋯執行指令以當滿足條件⋯執行指令來撰寫。

9. 在抽籤程式範例中的增加清單項目指令改用插入清單指令來撰寫,該如何修改呢?

10. 試著在 Ballot_1 程式中再加上一個標籤,顯示目前籤支中剩餘的數字。

MEMO

CHAPTER

Web 網站資料擷取和語音元件－紫外線即時監測

本章學習重點

- 用網路元件擷取網路資料
- 文字語音轉換器、語音辨識元件
- 字串處理指令
- JSON 開放資料格式

課前導讀

App Inventor 2 提供了網路元件可用來擷取網頁的內容，讓我們可以利用其資訊做出不同的應用，在本章中共有三個應用範例：一是臺北市的天氣查詢，以**網路**元件擷取氣象局的 rss 資料，將取出臺北市的天氣預報在**標籤**元件呈現出來；另一個是利用開放資料（Open Data）的網站，擷取紫外線即時監測 JSON 格式的網頁資料，將處理完的結果呈現在行動裝置上；最後是中、英文單字互翻的翻譯機，利用 Yahoo!奇摩字典的網頁功

能，配合網路元件取出結果， 讓文字語音轉換器元件將結果用語音的方式輸出，同時也使用語音辨識元件讓操作者可以用語音的方式輸入。

6-1 網路元件

網路元件是一個非可視元件，**提供的功能為 HTTP GET 和 POST 請求**，兩者是用來查詢網頁資料的方式，前者是透過網址傳遞參數，後者則是利用網頁表單傳遞參數，本章我們將使用 HTTP GET 元件來示範查詢各種網頁資訊。元件位於**畫面編排**視窗**元件面板/通訊**內的網路，事件、方法或指令則位於**程式設計**視窗 Screen1/**網路1** 內。

TIP 查詢網頁資訊時需注意同網站的手機版和一般電腦版其網頁的內容會有些差異。

常用指令

名稱	圖形	功能
允許使用 Cookies	設 網路1▾ . 允許使用Cookies▾ 為	設定是否允許 Cookies，僅支援 Android 2.3 或更高版本
網址	設 網路1▾ . 網址▾ 為	設定網路元件請求的網址

TIP Cookies 是您在瀏覽網站時儲存在您電腦中的資料，通常用來記錄您的偏好設定及所在的相關內容，以便提供更好的使用體驗。

常用方法

名稱	圖形	功能
執行 GET 請求	呼叫 網路1▾ .執行GET請求	執行一個 HTTP GET 請求，如果儲存回應訊息屬性為 True，則結果將存入回應文件名稱所指定的文件內，同時觸發**取得文件**事件；否則觸發**取得文字**事件
URI 編碼	呼叫 網路1▾ .URI編碼 文字	傳回編碼過的 URL
解碼 JSON 文字	呼叫 網路1▾ .解碼JSON文字 JSON文字	將擷取的資料以 JSON 格式解碼

常用事件

圖形	功能
當 網路1 取得文字 URL網址 回應程式碼 回應類型 回應內容 執行	當 HTTP GET 請求完成時，觸發此事件，參數有 **URL 網址**、**回應程式碼**、**回應類型**、**回應內容**

6-2 文字語音轉換元件

智慧型手機的語音辨識技術已經很成熟了，相關的應用也很豐富。App Inventor 2 提供**文字語音轉換器**以及**語音辨識**兩種元件，其用法如下說明。

文字語音轉換器元件

文字語音轉換器元件的功能很簡單，就是**讓您的行動裝置能唸出文字資料**，它是非可視元件，元件位於**畫面編排**視窗元件面板/**多媒體**/**文字語音轉換器**，事件、方法或指令則位於**程式設計**視窗 **Screen1**/**文字語音轉換器1** 內，通常是以 3 個大寫字母來表示**國家**屬性，2 個小寫字母來表示**語言**屬性。

常用指令

名稱	圖形	功能
音調	設 文字語音轉換器1 音調 為	設定音調，其值介於 0~2 之間，值越小聲音越低
語音速度	設 文字語音轉換器1 語音速度 為	設定語音速度，其值介於 0~2 之間，值越小聲音越慢
語言	設 文字語音轉換器1 語言 為	未設定表示使用預設的語言(模擬器為英語，中文手機則為中文)，設定 en 表示使用英語

常用方法

名稱	圖形	功能
唸出文字	呼叫 文字語音轉換器1 ▾ 唸出文字 訊息	說出指定訊息的內容

語音辨識元件

　　語音辨識元件的功能是**將語音資料轉換成文字**，因此必須要有行動裝置才有作用。元件位於**畫面編排視窗元件面板/多媒體內的語音辨識**，事件或方法則位於**程式設計視窗 Screen1/語音辨識1** 內，它是一個非可視元件。

常用方法

方法	圖形	功能
辨識語音	呼叫 語音辨識1 ▾ 辨識語音	將使用者說的語音資料轉換為文字內容，當有結果可用時，會啟動**辨識完成**事件

常用事件

圖形	功能
當 語音辨識1 ▾ 辨識完成 返回結果 執行	在**語音辨識**產生文字資料之後啟動，**返回結果**參數代表產生的文字內容

6-3 天氣查詢系統 (Weather.aia)

我們利用**網路**元件來製作一個「臺北市」天氣查詢系統，首先到中央氣象局網站右上角依序點選**「常用服務 / 多元服務 / RSS」**，或者輸入 https://www.cwb.gov.tw/V8/C/S/eservice/rss.html 後，往下找到臺北市的 rss 服務網址 https://www.cwb.gov.tw/rss/forecast/36_01.xml，檢視其原始碼，如下圖所示。

```
<?xml version="1.0" encoding="UTF-8"?> <rss version="2.0" xmlns:dc="http://purl.org/dc/element
version="2.0"> <title> <![CDATA[ 中央氣象局:臺北市今明天氣預報 ]]></title> <link>http://www.cwb
<description><![CDATA[ 中央氣象局36小時天氣預報 RSS 服務--臺北市 ]]></description> <language>z
[CDATA[ 使用聲明                    1.本局可授權個人以 RSS reader 方式使用本局RSS。                   2.個人和
、非商業用途內呈現本局 RSS內的標題資訊，詳細內容必須以連結方式連回本局RSS，呈現資訊時必須標明該來
RSS內容及解析本 RSS 相關資訊用以製作衍生產品。                    3.本局保留適時修改此服務內容及格式的的
<lastBuildDate>Wed, 12 Feb 2014 09:14:33 GMT</lastBuildDate> <ttl>1</ttl> <pubDate>2014/02/12
<image> <title> <![CDATA[ 中央氣象局 ]]></title> <link>http://www.cwb.gov.tw/</link>
<url>http://www.cwb.gov.tw/V7/images/Mark.jpg</url> </image><item> <pubDate>Wed, 12 Feb 2014 0
<title><![CDATA[ 臺北市02/12 今晚至明晨 陰有雨 溫度: 13 ~ 13 降雨機率: 70% (02/12 17:00發布)]]
<link>http://www.cwb.gov.tw/rss/index.php?area=01&amp;period=20140212_3</link> <description><!
13 ~ 15 降雨機率: 70% <br> 明晚後天 陰有雨 溫度: 12 ~ 14 降雨機率: 80% ]]</description>
<author>2.16.886.101.20003.20008.20004</author> <guid isPermaLink="false">http://www.cwb.gov.t
area=01&amp;period=20140212_3</guid> <dc:title><![CDATA[ 中央氣象局:臺北市今明天氣預報 ]]></dc
```

TIP 模擬器無法讀取該網站資料，會出現 Error 1101 的錯誤訊息，但實體手機則沒問題！

再以網路元件獲取網頁內容，利用內件方塊/文字下的求字串在文字中的起始位置與從文字第 n 位置提取長度為 m 的字串指令找到以「CDATA[臺北市」(中括號後有一個空白)為開頭的資料內容，再往後擷取至「(」前所須的文字，如上圖的反白部份。

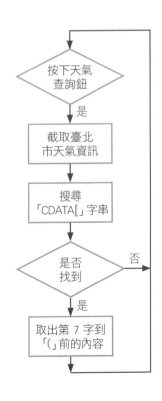

您或許會問，為什麼會選擇「CDATA[臺北市」當作搜尋的字串，而不是以「臺北市」？那是因為如果以「臺北市」當搜尋字串的話，搜尋到的第一個內容會是「臺北市今明天氣預報」，不是我們要的資料；同樣地，如果以「CDATA[」當作搜尋字串的話，就會找到「CDATA[中央氣象局…」的內容，也不是我們想要的。若是要處理其他網站的資料，也必須先分析原始網頁內容後，再以適當的字串來搜尋，才能獲取到您要的資料。

TIP 注意在這裡臺北市是使用「臺」字，而不是用「台」哦！否則就會找不到資料。

字串處理指令

當使用**網路**元件擷取網頁資訊後，必須利用**字串處理**方法來得到所需的資料，因此我們介紹兩個位於**內件方塊/文字**內的指令，求字串在文字中的起始位置與從文字第 n 位置提取長度為 m 的字串。

指令	圖形	功能
求字串在文字中的起始位置	求字串 在文字 中的起始位置	傳回指定字串在指定字串文字的位置，找不到則回傳 0。例如字串「ana」在文字「Havana」中的位置為 4
從文字第 n 位置提取長度為 m 的字串	從文字 第 位置提取長度為 的字串	將原文字從指定位置開始擷取指定長度所得的子字串。例如原文字為「Havana」，位置為 2，長度為 3，則取出來的子字串為「ava」

畫面編排

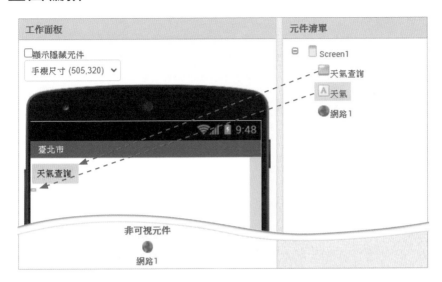

1 登入 App Inventor 2 後，在**專案**功能表中，按「**新增專案**」，輸
Step 入「Weather」後再按「**確定**」鈕，建立一個新的專案。

2 請依照下表新增元件，完成各個元件的設定 (元件清單的名稱與預
Step 設值不一樣時，表示該元件有更改名稱)。

元件類別	元件清單	元件屬性設定	說明
	Screen1	標題→臺北市	
使用者介面/按鈕	天氣查詢	文字→天氣查詢	
使用者介面/標籤	天氣	字體大小→20，文字→空白	顯示天氣資料
通訊/網路	網路 1	不用設定	

TIP 讀者可以試著改變按鈕的形狀，例如：換成圓形樣式、高度→150 像素、寬度
→150 像素等等，來設計按鈕的造型。

程式設計

1 當使用者按下**天氣查詢**時，到指定的網址擷取網頁資料。
Step

```
當 天氣查詢 . 被點選
執行   設 網路1 . 網址 . 為   " https://www.cwb.gov.tw/rss/forecast/36_01.xml "
       呼叫 網路1 .執行GET請求
```

2 | 宣告位置變數，用來記錄搜尋字串位   初始化全域變數 位置 為 0
Step | 置的結果。

3 | 當網頁擷取資料完成後，呼叫取得文字事件，並執行以下程式碼。
Step

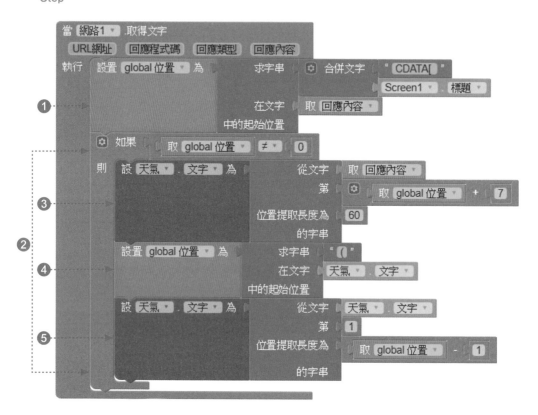

❶ 將擷取到的網頁資料以「CDATA[臺北市」（注意：中括號後有一個空白）當作搜尋
   的字串，搜尋的結果放到位置變數。

❷ 假如有搜尋到，即位置變數不等於零，則執行此段程式碼。

❸ 將網頁資料從搜尋到的位置加 7（因為臺北市的起始位置是搜尋字串的第 7 個字
   開始）開始擷取 60 個字元（如果天氣的資料超過 60 個字，則必須將這個數字加
   大，才不會產生問題），放到天氣 . 文字。

❹ 將天氣 . 文字資料以「（」當作搜尋的字串，搜尋的結果放到位置變數。

❺ 將天氣 . 文字從第 1 個位置開始擷取位置 -1 個字元（因為我們只要「（」之前的內
   容，然後再放到天氣 . 文字顯示出來。

..... CDATA[臺北市12/30 今晚明晨 陰短暫雨 溫度: 6 ~ 9 降雨機率: 30% (.....

搜尋字串　① ②③④⑤⑥⑦

開始擷取 60 個字元

搜尋字串　-1

這就是最終擷取到的文字內容！

驗證執行

接著可以連結至模擬器或是在手機上執行，應該都會看到「天氣查詢」按鈕，不過如前面所說，氣象局網站改版後，目前在模擬器上執行會抓不到任何天氣資訊，在實體手機則沒有問題。以下是分別在模擬器和實體手機執行的結果：

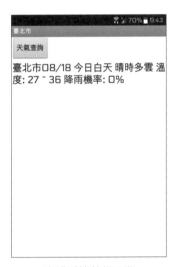

模擬器無法顯示資訊　　　　　　　實體手機執行正常

TIP iOS 系統會出現「undefined variable.
Irritants: (yail/format)」的錯誤，原因
是 iOS 將中文字計算為 2 個字元，原
先只擷取 60 個字元可能無法涵蓋天
氣資料中的左括號，因此會出現錯誤
訊息，只要將數字加大一些，像是改
為「160」即可解決此錯誤。

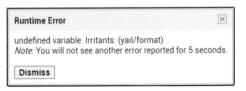

6-4 紫外線即時監測資訊查詢 – JSON 資料處理 (Ultraviolet.aia)

在前一節範例中，我們利用求字串在文字中的起始位置與從文字第 n 位置提取長度為 m 的字串指令將讀取進來的 HTML 網頁資料進行剖析，找出我們需要的資訊，對於簡單的網頁內容或許還可以處理，萬一資料量大且複雜的話，剖析起來將是一大工程，所以 JSON 的資料格式便因應而生。JSON 全名為 JavaScript Object Notation，是一種以純文字為基礎的資料交換格式，利用物件 Object 與陣列 Array 來表示資料結構，具有相容性高、容易閱讀的特性。

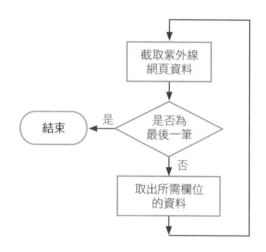

JSON 格式介紹

AI2 的 Web 元件提供一個解碼 JSON 文字方法來解讀支援 JSON 格式的網頁資料，讀入之後會以清單的方式在 App Inventor 2 呈現，我們藉由清單指令就可以來處理這些資料了，以下我們先介紹 JSON 格式的內容，讓讀者有個簡單的認識。JSON 定義出兩種結構：

JSON Object

即「鍵:值」的集合，例如：{"Subject":"Math", "Score":90}。

● 最外層以「{」開始，並以「}」結束。

● 每組 key:value 使用「,」分割。

● key:value 之間使用「:」隔開。

JSON Array

即 JSON Object 的集合，例如：[7, 3, 9, 6, 5]。

● 以「[」開始，並以「]」結束。

● 每個值之間使用「,」分割。

● 一個值可以是一個字串，一個數值，一個布林值，一個物件，一個陣列，或者一個 null 值。

練習範例

```
[{"Number":1, "Score":80}, {"Number":2, "Score":90}, {"Number":3, "Score":70}]
```

上面這段 JSON 資料看起來有點複雜哦！我們將其整理成如下表格您就看得比較清楚了。

Number	Score
1	80
2	90
3	70

我們到哪裡去找有支援 JSON 格式的網站呢？一般來說只要是開放資料 (Open Data) 的網站都會提供 JSON 格式資料，國內有政府資料開放平台 (http://data.gov.tw/) 可供利用，部分縣市政府如台北市、新北市、台中市、高雄市等也有提供開放資料平台網站，讀者可上網搜尋。

此處筆者是以政府資料開放平台 (http://data.gov.tw) 來說明，在這個網站搜尋「紫外線」，然後點選「紫外線即時監測資料」，出現如下圖的資料搜尋結果，點選如圖所示「JSON」的連結，這個連結即是我們要的 URL。

當您點選「JSON」的連結時，會出現如下畫面，從「"County"："苗栗縣"…」開始即為紫外線即時監測的資料，其中「County」就是 key，「苗栗縣」就是 value，接下來我們只要透過「**在鍵值對…中查找關鍵字…**」的指令就可找出我們想要的資料。

{" include_total":"正確","resource_id":"c7438756-1c57-4e67-a857-7caef67ec973","fields":[{"info":{"notes":"","label":"\u7e23\u5e02"},"type":"text","id":"County"},{"info":{"notes":"","label":"\u767c\u5e03\u6a5f\u95dc","類型":"文本","id":"PublishAgency"}},{"信息":{"註釋":"","標籤":"\u767c\u5e03\u6642\u9593","類型":"text","id":"PublishTime"},{"info":{"notes":"","label":"\u6e2c\u7ad9\u540d\u7a31"},"type":"text","ID":"SiteName"}},{"info":{"notes":"","label":"\u7d2b\u5916\u7dda\u6307\u6578"},"type":"text","id":"UVI"},{"info":{"notes":"","label":"\u7def\u5ea6(WGS84)"}},"type":"text","id":"WGS84Lat"}},{"info":{"notes":"","label":"\u7d93\u5ea6(WGS84)"},"type":"text","id":"WGS84Lon"}}__extras":{"api_key":"9be7b239-557b-4c10-9775-78cadfc555e9"}"records_format":"對象","記錄":[{"County":"苗栗縣","PublishAgency":"環境保護署","PublishTime":"2021-04-07 21:00","SiteName":"苗栗","UVI":"0","WGS84Lat":"24,33,55","WGS84Lon":"120,49,13"},{"County":"新北市","PublishAgency":"環境保護署","PublishTime":"2021-04-07 21:00","SiteName":"淡水","UVI":"0","WGS84Lat":"25,9,52","WGS84Lon":"121,26,57"},{"County":"台中市","PublishAgency":"環境保護署","PublishTime":"2021-04-07 21:00","SiteName":"沙鹿","UVI":"0","WGS84Lat":"24,13,32","WGS84Lon":"120,34,8"},{"County":"高雄市","PublishAgency":"環境保護署","PublishTime":"2021-04-07 21:00","SiteName":"橋頭","UVI":"0","WGS84Lat":"22,45,27","WGS84Lon":"120,18,20"},{"County":"桃園市","PublishAgency":"環境保護署","PublishTime":"2021-04-07 21:00","SiteName":"桃園","UVI":"0","WGS84Lat":"24,59,12","WGS84Lon":"121,18,31"},{"County":"新北市","PublishAgency":"環境保護署","PublishTime":"2021-04-07 21:00","SiteName":"板橋","UVI":"0","WGS84Lat":"25,0,47","WGS84Lon":"121,27,31"},{"info":{"County":"嘉義縣","發布機構":"環境保護署","發佈時間":"2021-04-07 21:00","SiteName":"朴子","UVI":"0","WGS84Lat":"120,14,52"},{"County":"台南市","PublishAgency":"環境保護署","PublishTime":"2021-04-07 21:00","SiteName":"新營","UVI":"0","WGS84Lat":"23,18,20","WGS84Lon":"120,19,2"},{"County":"雲林縣","PublishAgency":"環境保護署","PublishTime":"2021-04-07 21:00","SiteName":"鬥六","UVI":"0","WGS84Lat":"23,42,43","WGS84Lon":"120,32,42"},{"County":"彰化縣","PublishAgency":"環境保護署","PublishTime":"2021-04-07 21:00","SiteName":"彰化","UVI":"0","WGS84Lat":"24,3,58","WGS84Lon":"120,32,29"},{"County":"屏東縣","PublishAgency":"環境保護署","PublishTime":"2021-04-07 21:00","SiteName":"屏東","UVI":"0","WGS84Lat":"22,40,23","WGS84Lon":"120,29,17"},{"County":"嘉義縣","PublishAgency":"環境保護署","PublishTime":"2021-04-07 21:00","SiteName":"塔塔加","UVI":"0","WGS84Lat":"23,28,14","WGS84Lon":"120,52,50"},{"縣":"南投縣","PublishAgency":"環境保護署","PublishTime":"2021-04-07 21:00","SiteName":"南投","UVI":"0","WGS84Lat":"23,54,47","WGS84Lon":"120,41,7"},{"County":"高雄市","PublishAgency":"中央氣象局","PublishTime":"2021-04-07 20:00","SiteName":"萬頭","UVI":"0.00","WGS84Lat":"22,33,58","WGS84Lon":"120,18,57"},{"County":"連江縣","PublishAgency":"中央氣象局","PublishTime":"2021-04-07 20:00","SiteName":"馬祖","UVI":"0.00","WGS84Lat":"26,10,09","WGS84Lon":"119,55,24"},{"County":"台北市","PublishAgency":"中央氣象局","PublishTime":

畫面編排

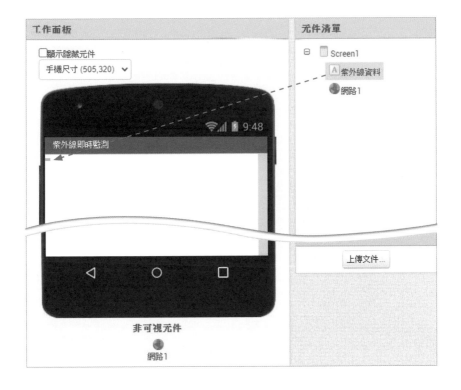

1
Step
登入 App Inventor 2 後，在**專案**功能表中，按「**新增專案**」，輸入「Ultraviolet」後再按「**確定**」鈕，建立一個新的專案。

2
Step
請依照下表新增元件，完成各個元件的設定 (元件清單的名稱與預設值不一樣時，表示該元件有更改名稱)。

元件類別	元件清單	元件屬性設定	說明
	Screen1	標題→紫外線即時監測	
使用者介面/標籤	紫外線資料	字體大小→16 文字→空白	顯示紫外線資料用
通訊/網路	網路 1	網址→https://data.epa.gov.tw/api/v1/uv_s_01?limit=34&api_key=9be7b239-557b-4c10-9775-78cadfc555e9&format=json	

TIP 目前行政院整合中央氣象局與環保署的監測站共有 34 個，故 limit 的數量要填入 34。

程式設計

初始化及變數宣告

1
Step
當程式執行時，會到政府開放資料平台擷取紫外線的網頁資料。

2
Step

接著宣告 2 個變數，其用途說明如下：

① ···▶ 初始化全域變數 紫外線 為 ❁ 建立空清單

② ···▶ 初始化全域變數 UVI 為 ❁ 建立空清單

① 宣告紫外線清單變數用以儲存擷取的所有紫外線即時監測資料。

② 宣告 UVI 清單變數用以儲存欄位的所有資料。

處理擷取後的內容

當網頁擷取資料完成後，呼叫取得文字事件，執行以下程式碼：

3
Step

將擷取的網頁資料經過 JSON 格式轉換，取出 records 的內容存放至紫外線清單變數內。

4
Step

根據紫外線清單變數的元素個數執行迴圈中 **⑤** ~ **⑧** 的程式碼，本例共 34 筆資料，迴圈也會執行 34 次。

5
Step

從記錄清單中取出 PublishAgency 的資料存放至紫外線資料.文字，同時加上「,」符號。

6
Step

從記錄清單中取出 County 的資料存放至紫外線資料.文字，同時加上「:」分隔符號。

7
Step

從記錄清單中取出 SiteName 的資料存放至紫外線資料.文字，同時加上「,」符號。

8
Step

從記錄清單中取出 UVI 的資料存放至紫外線資料.文字，同時加上「\n\n」兩次換行符號。

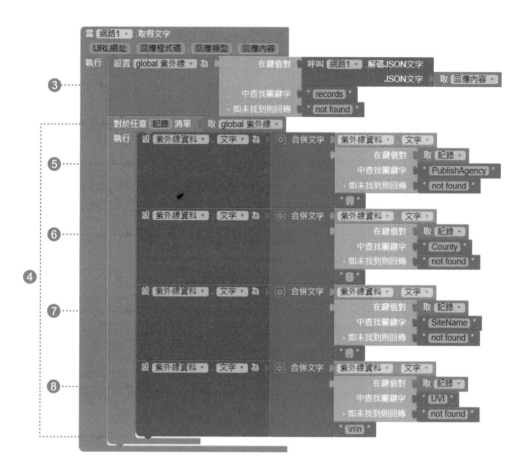

驗證執行

當您連結至行動裝置時，會出現執行畫面，內容為紫外線即時監測的相關資料。

TIP 請注意在模擬器上，無法讀取該網站資料，會出現 Error1101 錯誤訊息，實體裝置則不會。不過 iOS 系統的 Screen1 允許捲動功能目前無效果。

紫外線過量統計

依據中央氣象局紫外線指數分級說明如右表，我們新增一個標籤元件，及加入紅色框部份的程式碼，讓其統計超過紫外線指數 7 的地點數量，並顯示在螢幕上，因有的觀測站會無紫外線資料輸出，故在程式中加入是否為空的判斷。

紫外線指數	說明
0~2	低量級
3~5	中量級
6~7	高量級
8~10	過量級
11+	危險級

畫面編排

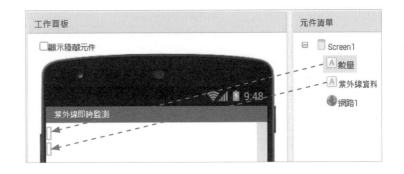

程式設計

6-5 翻譯機 (Speak.aia)

　　Yahoo!奇摩字典是一個線上翻譯的網頁功能,它有兩個入口,一是在 Yahoo!奇摩網站的服務列表中找到「字典」連結進入,網址為 https://tw.dictionary.yahoo.com/;二是在搜尋列輸入關鍵字進行搜尋,然後點選左邊的「字典」,比如說要翻譯「apple」這個單字,我們輸入的網址為 https://tw.dictionary.search.yahoo.com/search?p=apple,是以第二個方式來達成翻譯機功能。

如何擷取翻譯的結果?

　　首先以**文字輸入盒**元件或**語音辨識**元件來輸入要翻譯的單字,再以網路元件擷取其網頁結果,然後用標籤及文字語音轉換器元件將結果以螢幕和語音輸出。但我們是如何擷取翻譯的結果呢?

因為網頁有分電腦版與手機版兩種版本，雖然我們在程式設計是以上述的網址來輸入，但是真正連線的網址會自動切換成手機版本，我們將其原始碼取出來看 (對網頁按右鍵/檢視網頁原始碼)，如下圖所示，我們發現在翻譯的答案前後方固定有「Explanation">蘋果 [C]</div>」字樣，為了能準確擷取到所要的答案，經過幾次的測試，以「Explanation」即可找到翻譯的結果，因為找尋的關鍵字是「Explanation」，第 1 個字元是「E」，而我們要的答案蘋果的「蘋」是在其後第 13 個字元，後面 </div> 不是我們要的內容，所以要從第 13 個字元開始擷取，一直到有「<」符號為止，取出的內容就是我們要的答案了。

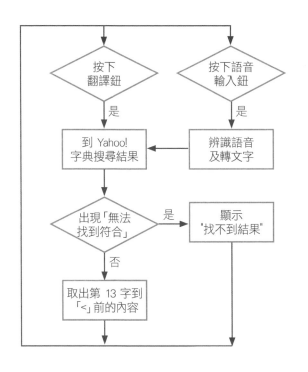

```
<span class=" d-ib dict-sound va-mid audio-
t mb-25 p-rel" ><ul><li class="lh-22 mh-22 mt-12 mb-12
6 fl-l dictionaryExplanation">蘋果[C]</div> </li></ul>
"><li class="ov-a fst lst mt-0 noImg"><h4><span class="
dd cardDesign sys_dict_tabs_card" data-
ass='tab-control'><li class='tab-control-item active'
```

畫面編排

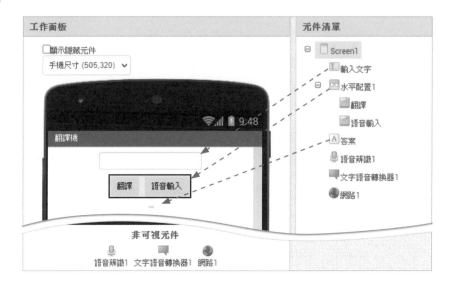

1 **Step** 登入 App Inventor 2 後，在**專案**功能表中，按「**新增專案**」，輸入「Speak」後再按「**確定**」鈕，建立一個新的專案。

2 **Step** 請依照下表新增元件，完成各個元件的設定 (元件清單的名稱與預設值不一樣時，表示該元件有更改名稱)。

元件類別	元件清單	元件屬性設定	說明
	Screen1	水平對齊→置中 標題→翻譯機	
使用者介面/文字輸入盒	輸入文字	提示→請輸入英文或中文 文字→空白 文字對齊→置中	輸入要翻譯的內容
介面配置/水平配置	水平配置 1	不用設定	按鈕 功能區
使用者介面/按鈕	翻譯	文字→翻譯	
使用者介面/按鈕	語音輸入	文字→語音輸入	
使用者介面/標籤	答案	文字→空白	顯示答案
多媒體/語音辨識	語音辨識 1	不用設定	語音辨識
多媒體/文字語音轉換器	文字語音轉換器 1	不用設定	語音輸出
通訊/網路	網路 1	不用設定	網路查詢

程式設計

建立翻譯鈕

當按下「翻譯」鈕時會到 Yahoo!奇摩字典進行翻譯，而按下「語音輸入」時會先啟動行動裝置的語音辨識功能，然後再到 Yahoo!奇摩字典進行翻譯。

❶ 將輸入的內容經過 URI 編碼 (以免中文字產生亂碼) 後與 Yahoo! 奇摩字典網址設定給網路 1 元件的網址。

❷ 根據 https://tw.dictionary.search.yahoo.com/search?p=輸入文字 網址進行網頁擷取，然後呼叫取得文字事件。

❸ 呼叫語音辨識 1. 辨識語音方法，辨識完後會啟動辨識完成事件。

❹ 將辨識結果設定給**輸入文字**元件，然後如同 **❶** ~ **❷** 步驟一樣至 Yahoo! 奇摩字典進行翻譯。

處理翻譯後的內容

當**網路**元件擷取到資料時會啟動取得文字事件，否則的話則出現「Error 1101: Unable to get a response with the specified URL: https://tw.dictionary.search.yahoo.com/search?p=xxxxxx」的錯誤訊息。

① ▸ 初始化全域變數 位置 為 0

當 網路1 . 取得文字
  URL網址 回應程式碼 回應類型 回應內容
執行 設置 global 位置 為   求字串 " 無法找到符合 "
②   在文字 取 回應內容
                               中的起始位置

③ ④ ▸ 如果 取 global 位置 = 0
      則 設置 global 位置 為   求字串 " Explanation "
                              在文字 取 回應內容
                              中的起始位置

   ⑤ ▸ 設 答案 . 文字 為   從文字 取 回應內容
                          第   取 global 位置 + 13
                          位置提取長度為 200
                          的字串

   ⑥ ▸ 設置 global 位置 為   求字串 " < "
                          在文字 答案 . 文字
                          中的起始位置

   ⑦ ▸ 設 答案 . 文字 為   從文字 答案 . 文字
                          第 1
                          位置提取長度為 取 global 位置 - 1
                          的字串

   ⑧ ▸ 否則 設 答案 . 文字 為 " 找不到結果 "

⑨ ▸ 如果 文字比較 輸入文字 . 文字 < " 一 "
    則 設 文字語音轉換器1 . 語言 為 " "
    否則 設 文字語音轉換器1 . 語言 為 " en "

⑩ ▸ 如果 答案 . 文字 = " 找不到結果 "
    則 設 文字語音轉換器1 . 語言 為 " "

⑪ ▸ 呼叫 文字語音轉換器1 . 唸出文字
        訊息 答案 . 文字

❶ 宣告位置變數，用來記錄搜尋字串位置的結果。

❷ 將擷取資料以「無法找到符合」當作搜尋的字串，結果放到位置變數，因為在 Yahoo! 奇摩字典的網頁如果搜尋不到翻譯內容中會出現「無法找到符合」的字樣。

❸ 假如沒有搜尋到，即位置變數等於零，則執行 ❹～❼ 程式碼。

❹ 將擷取資料以「Explanation」當作搜尋的字串，結果放到位置變數。

❺ 將網頁資料從搜尋到的位置加 13（因為從 ❹ 找到的 ...Explanation"> 答案 ... 起始位置是要搜尋字串的第 13 個字開始），擷取 200 個字元，放到答案.文字。

❻ 將答案.文字資料以「<」當作搜尋的字串，搜尋的結果放到位置變數。

❼ 將答案.文字從第 1 個位置開始擷取位置 -1 個字元（因為我們只要「<」之前的內容，然後再放到答案.文字顯示出來。

❽ 假如有搜尋到「無法找到符合」字串，即位置變數不等於零，將答案.文字設定為 " 找不到結果 "。

❾ 將輸入文字.文字跟中文的「一」比較，以判斷是否為中文，如果是的話將文字語音轉換器 1.語言設為 en，否則的話就設為空白，以達到中翻英、英翻中的功能。

❿ 假如答案.文字為「找不到結果」將文字語音轉換器 1.語言設為空白，以在手機上中文語音輸出。

⓫ 將答案.文字的內容用語音輸出。

▍驗證執行：翻譯機程式

　　當您連結至模擬器或行動裝置時，會出現執行畫面，您可以輸入英文單字或中文字後，按下「翻譯」看看是否有文字與語音結果輸出。

TIP iOS 系統目前只能辨識英文，中文無法辨識，而且語音辨識後就會跳出 app。

課後評量

1. (　　　)　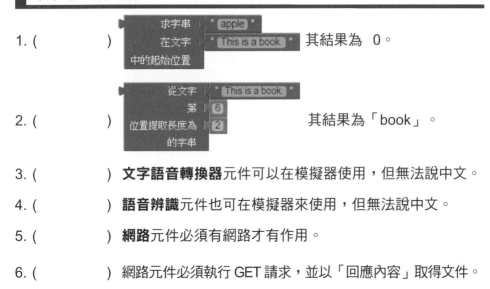　其結果為 0。

2. (　　　)　　　　　　　　　　　　　其結果為「book」。

3. (　　　)　**文字語音轉換器**元件可以在模擬器使用，但無法說中文。

4. (　　　)　**語音辨識**元件也可在模擬器來使用，但無法說中文。

5. (　　　)　**網路**元件必須有網路才有作用。

6. (　　　)　網路元件必須執行 GET 請求，並以「回應內容」取得文件。

7. 在 Speak.aia 有一段的程式片段，其作用為何？

8. 請用 6 個按鈕製作六都 (台北、新北、桃園、台中、台南、高雄) 的天氣查詢 App。

9. 請仿照 Ultraviolet.aia 範例，做出新北市電影院的名單。

10. 請試著建立一個「請你跟我這樣說」的 App，程式聽到我們說的話進行語音辨識，再說出辨識結果，並將檔案命名為 Repeat.aia。

7

互動介面與觸控操作 — 有聲電子書範例

本章學習重點

- 複選盒與對話框元件
- 被滑過事件
- 音樂播放器元件
- 文字轉語音 Web 服務

課前導讀

從 Amazon Kindle 電子書閱讀器熱賣的情況，及美國電子書的銷售量已超越實體書來看，電子書已然成為時代的潮流。它之所以受歡迎乃在於多媒體的呈現及便利性，包括有聲音、動畫、圖片、文字…等的內容，比起一般紙本的書籍，的確精彩許多。基於此想法，本章將教導讀者利用 App Inventor 2 來設計可在手機或 平板電腦使用的電子書，並結合 Notevibes 網站的文字轉語音 Web 服務，並提供男聲和女聲的播放選擇，做成可以唸出語音的「有聲電子書」。

有聲書內容的製作可以手繪圖案或自拍照片當做故事的內容，或者以創用 CC 圖庫的圖片，製作童話故事繪本來呈現電子書的內容，本書是以後者來當範例教學。

本章要設計一個有聲電子書，可以手繪、拍照或電腦製圖呈現內容，同時須有語音輸出功能，主題自定。專題中以**複選盒**元件做為男聲、女聲的選擇 (也可改成國語、日語或英文等的選擇)，**對話框**元件做為訊息提示的功能，**畫布**元件呈現圖片及翻頁的效果，**標籤**元件呈現文字內容 (方便做出中英文對照) 及**音樂播放器**元件播放語音檔案來完成。

7-1 複選盒元件

複選盒元件可用來提供不同選項讓使用者選擇，在一般視覺化程式設計中常用來**做為多重選擇的用途**，而在 App Inventor 2 中我們可透過程式邏輯的設計，做為單選或多選的作用。

複選盒元件位於**畫面編排**視窗**元件面板/使用者介面/複選盒**內，事件或方法則位於**程式設計**視窗 **Screen1/複選盒1**，使用時被選取的項目會以方框打勾的方式呈現，如下圖男聲所示。

聲音： ☑男聲 ☐女聲

▌常用屬性

屬性	用途
選中	元件是否被選中，被選中時會出現打勾
啟用	元件是否有作用，啟用時會出現打勾

TIP 其餘的屬性在其他元件介紹過了，功能差異不大，故不在此贅述。

事件說明

使用**複選盒**元件，在程式中多半需要偵測其點選狀態，這時候就會使用到當複選盒1.狀態被改變⋯執行事件，具體的使用方式可參考以下練習範例。

事件	說明
當 複選盒1 ▾ 狀態被改變 執行	當元件點選狀態改變時呼叫本事件

複選盒練習範例 (CheckBox.aia)

複選盒元件的預設功能就是多選作用，如果兩個**複選盒**元件想得到單選的結果，比方說音調選擇想設計成二選一，如下圖所示，就必須以下列的方法來模擬。

音調: ☑男 ☐女

畫面編排

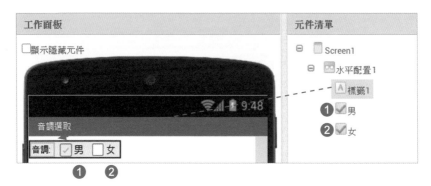

1
Step
登入 App Inventor 2 後，在**專案**功能表中，按「**新增專案**」，輸入「CheckBox」後再按「**確定**」鈕，建立一個新的專案。

2
Step
請依照下表新增元件，完成各個元件的設定 (元件清單的名稱與預設值不一樣時，表示該元件有更改名稱)。

元件類別	元件清單	元件屬性設定
	Screen1	標題→音調選取
介面配置/水平配置	水平配置1	垂直對齊→置中
使用者介面/標籤	標籤1	文字→音調:
使用者介面/複選盒	男	文字→男 選中→打勾
使用者介面/複選盒	女	文字→女

程式設計

複選盒元件預設是可以多重選擇的，此處我們使用當男.狀態被改變…執行事件，搭配如果…則條件式判斷，達到讓程式中的選項只限於單選的效果：

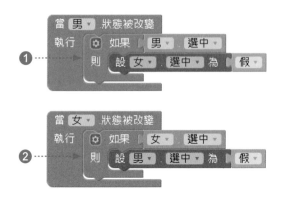

❶ 假如「男」被選取時，「女」取消選取設定。

❷ 假如「女」被選取時，「男」取消選取設定。

7-2 對話框元件

程式中常需要顯示各種訊息，像是各種系統警告訊息、操作提示等，這時候就可以使用對話框元件，可在螢幕最上層跳出一個視窗並攔截其他所有輸入動作，讓使用者確實看到您所指定的訊息內容，並可以要求使用者做出選擇或輸入資訊等。

對話框為非可視元件，位於**畫面編排視窗元件面板/使用者介面/對話框**，事件或方法則位於**程式設計視窗 Screen1/對話框1**。

Android 系統中的各種視窗都是使用 Notifier 元件產生的

事件說明

事件	說明
當 對話框1▾ 選擇完成 選擇值 執行	當使用者在**選擇完成**時呼叫本事件，參數選擇值為所按的按鈕代表的文字
當 對話框1▾ 輸入完成 回應 執行	當使用者在**輸入完成**時呼叫本事件，參數回應為使用者所輸入的資料

方法說明

　　對話框元件提供許多不同的方法，各自會產生不同類型的視窗，請您參考下表的說明，依照程式設計的需求選擇適當的方法來使用。

方法	說明
呼叫 對話框1 .錯誤紀錄 訊息 呼叫 對話框1 .紀錄訊息 訊息 呼叫 對話框1 .記錄警告 訊息	這些方法是用來除錯的，會在 Android 裝置中寫入紀錄，必須以除錯工具來讀取，如 ADB(Android Debug Brige)
呼叫 對話框1 .顯示警告訊息 通知	顯示警告訊息，幾秒後自動消失，可藉由對話框**顯示時間長度**元件屬性設定自動消失的時間長短，參數**通知**表示顯示的訊息內容
呼叫 對話框1 .顯示選擇對話框 訊息 標題 按鈕1文字 按鈕2文字 允許取消 真	顯示含標題的訊息內容，使用者可從按鈕做出選擇，選擇後引發**選擇完成**事件，參數**標題**表示標題內容，參數**訊息**表示訊息內容，參數**按鈕1文字**及**按鈕2文字**表示按鈕文字內容，參數**允許取消**表示是否有取消鈕
呼叫 對話框1 .顯示訊息對話框 訊息 標題 按鈕文字	顯示含標題的訊息內容，在使用者按下按鈕後才會消失，參數**標題**表示標題內容，參數**訊息**表示訊息內容，參數**按鈕文字**表示按鈕文字內容

接下頁▼

方法	說明
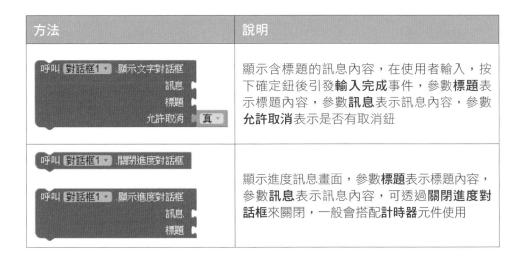	顯示含標題的訊息內容，在使用者輸入，按下確定鈕後引發**輸入完成**事件，參數**標題**表示標題內容，參數**訊息**表示訊息內容，參數**允許取消**表示是否有取消鈕
	顯示進度訊息畫面，參數**標題**表示標題內容，參數**訊息**表示訊息內容，可透過**關閉進度對話框**來關閉，一般會搭配**計時器**元件使用

對話框練習範例 (Notifier.aia)

對話框可以用來顯示跟使用者互動的各類訊息，例如離開軟體問你要不要存檔、確認是否送出資料等 (若以其他程式語言來說就相當於 MsgBox 功能)，以下我們將以範例來解說常用 4 種對話框的情況，幫助您了解各種對話框視窗的顯示效果，如下圖所示由左至右分別為「顯示警告訊息」、「顯示選擇對話框」、「顯示訊息對話框」、「顯示文字對話框」。

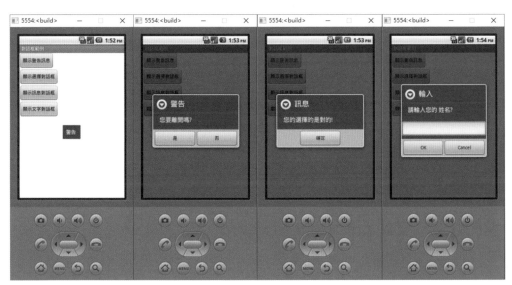

顯示警告訊息　　　顯示選擇對話框　　　顯示訊息對話框　　　顯示文字對話框

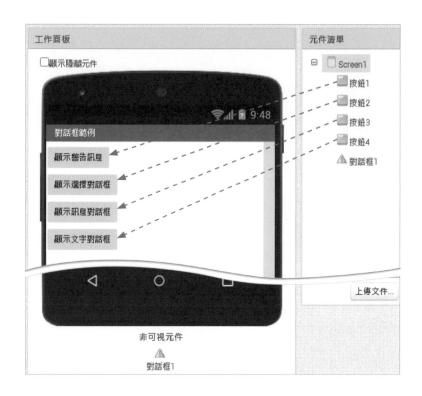

畫面編排

1
Step 登入 App Inventor 2 後，在**專案**功能表中，按「**新增專案**」，輸入「Notifier」後再按「**確定**」鈕，建立一個新的專案。

2
Step 請依照下表新增元件，完成各個元件的設定 (元件清單的名稱與預設值不一樣時，表示該元件有更改名稱)。

元件類別	元件清單	元件屬性設定
	Screen1	標題→對話框範例
使用者介面/按鈕	按鈕 1	文字→顯示警告訊息
使用者介面/按鈕	按鈕 2	文字→顯示選擇對話框
使用者介面/按鈕	按鈕 3	文字→顯示訊息對話框
使用者介面/按鈕	按鈕 4	文字→顯示文字對話框
使用者介面/對話框	對話框 1	不用設定

程式設計

1
Step

當「**顯示警告訊息**」鈕按下時,在螢幕的下方顯示「警告」訊息。

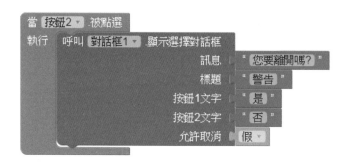

2
Step

當「**顯示選擇對話框**」鈕按下時,在螢幕顯示「您要離開嗎?」的對話。

> **TIP** 若「允許取消」設為真,則會多一個「取消」鈕,否則僅有「是」「否」2個按鈕。

3
Step

當上述的對話框選擇完成後,執行選擇完成事件,並將選擇的內容顯示在 Screen1 的抬頭。

4
Step

當「**顯示訊息對話框**」鈕按下時，在螢幕顯示「您的選擇是對的！」的訊息框。

5
Step

當「**顯示文字對話框**」鈕按下時，在螢幕顯示「請輸入您的姓名?」的對話框。

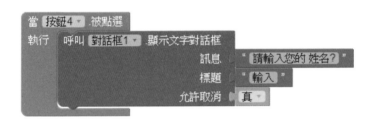

6
Step

當上述的對話框選擇輸入完成後，執行輸入完成事件，並將輸入的內容顯示在 Screen1 的視窗標題。

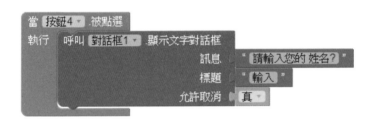

7-3 被滑過事件

目前的智慧型手機都是以觸控操作為主，因此我們在應用程式中，常會需要偵測手指滑動的狀態，並做出適當的回應。被滑過是**畫布**內的一個事件，其功能就是用來偵測手指滑動的情形。

事件說明

要偵測手指滑動的狀態可以使用**當畫布1.被滑過…執行**事件，並透過事件提供的參數來判斷滑動的速度或位置，相關說明如下表，其中因為畫布的起點座標在左上角，所以偵測手指位移時，**速度X分量** >0 表示由左向右移動，反之**速度X分量** <0 表示由右向左移動；同理**速度Y分量** >0 表示由上往下移動，反之**速度Y分量** ＜0 表示由下往上移動。

事件	說明
	當手指滑過畫布時呼叫本事件，x 座標，y 座標滑過事件的起始座標

事件中各參數的功能如下：

- **x座標、y座標**：畫面座標位置

- **速度**：移動速度單位為每毫秒像素，手指滑動越快值越大

- **方向**：手指滑動角度往右為 0 度，往左為 180，往上為正，往下為負

- **速度X分量**：X 軸位移向量

- **速度Y分量**：Y 軸位移向量

- **被滑過的精靈**：如果為真，表示動畫元件被滑過 (詳細內容會在第 11 章球形精靈和圖像精靈中介紹)

被滑過事件練習範例 (Flung.aia)

利用被滑過事件偵測手指滑動的情形，我們判斷速度X分量小於或大於 0 來得知手指是向左或向右移動，如右圖所示。

畫面編排

1
Step 登入 App Inventor 2 後，在**專案**功能表中，按「**新增專案**」，輸入「Flung」後再按「**確定**」鈕，建立一個新的專案。

2
Step 請依照下表新增元件，完成各個元件的設定(元件清單的名稱與預設值不一樣時，表示該元件有更改名稱)。

元件類別	元件清單	元件屬性設定
	Screen1	標題→被滑過範例
繪圖動畫/畫布	畫布 1	寬度→填滿 高度→填滿
使用者介面/對話框	對話框 1	顯示時間長短→顯示時間短

程式設計

本範例我們透過在當畫布1.被滑過…執行事件中，當手指在螢幕滑動時，偵測**速度X分量**參數值的變化，**速度X分量**值大於 0，表示手指是往右滑動，反之則往左滑動，並以警示視窗提示偵測結果。程式碼如下：

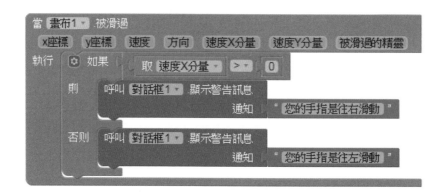

7-4 文字轉語音 Web 服務

Notevibes 網站 (notevibes.com) 有提供文字轉語音 Web 服務 (TTS Web Service)，本來的目的是讓您體驗，即時將文字轉換為自然流暢、近似真人發音之語音，我們則是利用其語音產生的檔案，來做為電子書的語音。以下將介紹讀者如何申請語音 Web 服務及下載語音檔。

加入網站會員

打開瀏覽器，在網址列輸入「notevibes.com」，進入後點選右上角的會員登錄之「Sign Up」，然後選擇以 Google 或 Facebook 帳號登入，輸入帳號、密碼並同意授權後即可使用 Notevibes 的網站服務。

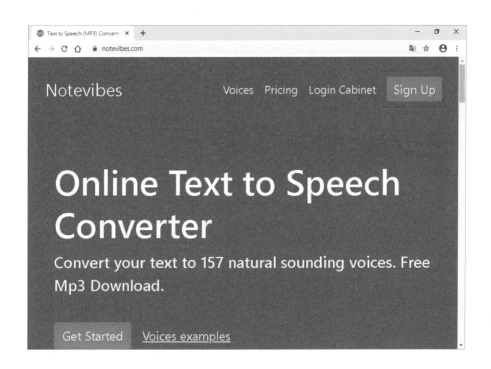

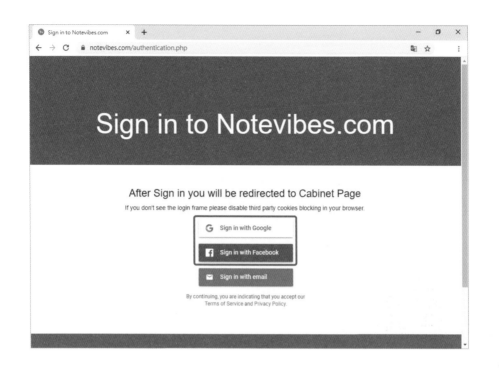

產生語音檔

登入之後即會連到文字轉語音的 Web 服務畫面，然後在文字框內輸入「這是文字轉語音測試」，在「English(US)-David」選擇您想要的聲音，最後按下「**Convert**」即會開始轉換。

TIP 每個帳號只能轉 5000 個文字，每產生 1 次語音就會扣除。

您可以由下方**播放**工具聽取語音，若沒問題就直接按下 **Download**，即可下載取得語音檔案。

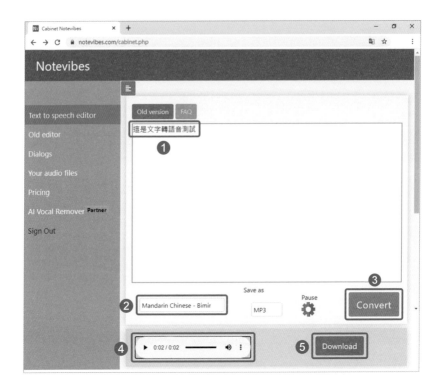

❶ 在文字框內輸入「這是文字轉語音測試。」

❷ 將「English(US)-David」改為「Mandarin Chinese Ah Cy」（女聲）或「Mandarin Chinese Biming」（男聲）。

❸ 按下「Convert」開始產生語音，會花幾秒鐘的時間。

❹ 轉換完成可按下播放鍵試聽。

❺ 最後按下「Download」即可取得語音檔案，下載完畢請自行修改成可供辨識的檔名。

TIP 「Save as」欄位可以選擇下載語音檔的格式，預設是 MP3，本章範例使用的是 WAV 檔案，兩者皆可。

創用 CC 圖庫及編輯

根據教育部創用 CC 資訊網的內容，創用 CC (Creative Commons) 是一種針對受著作權保護之作品所設計的公眾授權模式，任何人在著作權人所設定的授權條件下，都可以自由使用創用 CC 授權的著作。

因此本專題的圖案是從 Open Clip Art Library (http://openclipart.org) 網站而來，如下圖所示，該網站收錄了各式各樣的向量插圖，目前的資源數超過十萬筆，且持續增加中。網站收錄的向量插圖，都是屬於原創者自願釋放到公共領域 (Public Domain) 的作品，這些作品不受著作權的限制，任何人皆可以自由利用，不受任何條件限制。

接下頁

如果需要編輯圖片，按下「**Edit**」鈕即可編輯圖案內容，請參考如下圖，編輯完成後，使用 **File / Save** 存成 png 格式即可，背景色則可在「小畫家」軟體來處理，本章有聲電子書的圖案大小請限制在 310 pixels × 220 pixels 內，其他的就請根據您的需求來存檔即可。

7-5 音樂播放器

上一小節產生好的聲音檔，在 App Inventor 必須透過**音樂播放器**才能播放，此元件常用於播放較長的音訊檔，如一首歌曲，而**音效**元件則適合於播放短音訊檔，如遊戲音效等。

音樂播放器元件

音樂播放器元件為一非可視元件，位於**畫面編排/元件/多媒體**內，**可播放聲音和控制震動手機**，要播放的檔案名稱是從**來源**屬性中設定，您可以在**畫面編排**或**程式設計**中設定，震動的時間長度則是在方塊中設定，單位為毫秒。

常用事件

事件	功能
當 音樂播放器1 已完成 執行	當播放聲音完畢時呼叫本事件

常用方法

名稱	圖形	功能
暫停	呼叫 音樂播放器1 .暫停	暫停播放聲音
開始	呼叫 音樂播放器1 .開始	開始播放聲音
停止	呼叫 音樂播放器1 .停止	停止播放聲音
震動	呼叫 音樂播放器1 .震動 毫秒數	使手機震動一段時間，單位為毫秒

常用屬性

名稱	圖形	功能
循環播放	設 音樂播放器1 ▾ 循環播放 ▾ 為	開啟循環播放,真,表示開啟,假,表示關閉
來源	設 音樂播放器1 ▾ 來源 ▾ 為	設定來源聲音檔
音量	設 音樂播放器1 ▾ 音量 ▾ 為	設定音量大小,最大值為 100
播放狀態	音樂播放器1 ▾ 播放狀態 ▾	得知元件是否正在播放中

音訊播放器支援的多媒體格式很豐富,常見的檔案類型幾乎都有支援,詳細支援格式請參考 https://developer.android.com/guide/topics/media/media-formats.html。

7-6 有聲電子書 (Book.aia)

有聲電子書的範例畫面設計,由上而下依序為「**類別標題**,紅色字部份」、「**故事主題與畫面**,色塊部份」與「**故事內容**,藍色字部份」等三個部份,封面則加上聲音選擇及版權宣告,其中 4 張圖片大小為 310 像素×220 像素,命名規則為 1.png~4.png,8 個聲音檔則分男聲 (a 開頭) 及女聲 (b 開頭),如 a1.wav~a4.wav 或 b1.wav~b4.wav,使用者可根據此規則自行擴充。

TIP 如果您自己做的圖片或聲音格式和範例格式不一樣,請將程式的「.png」及「.wav」,改成所需要的副檔名格式。

畫面編排

1
Step　登入 App Inventor 2 後，在**專案**功能表中，按「**新增專案**」，輸入「Book」後再按「**確定**」鈕，建立一個新的專案。

2
Step　請依照下表新增元件，完成各個元件的設定 (元件清單和圖示請對照上圖)。

元件類別	元件清單	元件屬性設定	作用
	Screen1	水平對齊→置中 標題→龜兔賽跑	顯示 App 標題
使用者介面/標籤	標題	背景顏色→黃色 高度→25 字體大小→20 文字→故事繪本 文字顏色→紅色	顯示類別 標題
使用者介面/標籤	空白	文字→空白 高度→10	間隔用
繪圖動畫/畫布	畫布 1	背景圖片→1.png 寬度→310 像素 高度→220 像素	顯示故事 畫面
使用者介面/標籤	內容	字體大小→20 高度→200 文字→\n 請用手指在色塊 上滑動即可聽故事\n 文字顏色→藍色	顯示故事 內容
介面配置/水平配置	水平配置 1	垂直對齊→置中	聲音選擇
使用者介面/標籤	聲音選擇	字體大小→20 文字→聲音：	
使用者介面/複選盒	男聲	字體大小→20 文字→男聲	男聲選項
使用者介面/複選盒	女聲	選中→打勾 字體大小→20 文字→女聲	女聲選項
使用者介面/標籤	版權訊息	文字→程式內所使用之語音 為「文字轉語音試用服務產 出之合成語音 https://notevibes.com」 文字顏色→橙色	版權宣告
多媒體/音樂播放器	音樂播放器 1	音量→100	播放語音

TIP 「\n」表示換行的意思。

3
Step

在**素材**框架中，點選「**上傳文件**」，將書上所附書附檔案的 ch07 資料夾內 1.png~4.png、a1.wav~a4.wav、b1.wav~b4.wav 上傳至 AI2。

程式設計

本範例設計上除了電子書的多媒體播放外，較多的程式邏輯在處理電子書的翻頁動作，我們宣告一個變數**頁數**來記錄頁碼，然後偵測手指左滑、右滑的軌跡，分別表示往前翻頁、往後翻頁，然後就播放該頁數的電子書內容。

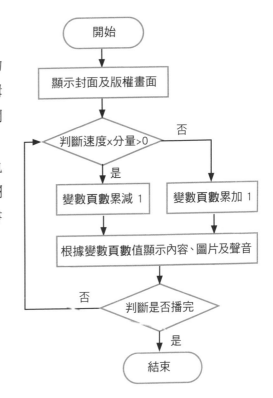

1
Step

首先請先宣告 3 個變數，其用途如下：

① 初始化全域變數 種類 為 " b "

② 初始化全域變數 頁數 為 1

③ 初始化全域變數 故事內容 為 建立清單
\n請用手指在色塊上滑動即可聽故事\n
\n從前有一隻烏龜和一隻兔子在互\n\n相爭辯誰跑得快，於是他們決定\n\n來賽跑。\n
\n一開始，兔子便大幅領先，此時\n\n兔子認為烏龜追不上牠，便在樹\n\n下睡覺。\n
\n而一路上慢慢走來的烏龜，則超\n\n過它，到達終點，成為貨真價實\n\n\n的冠軍。\n

① 變數種類用以表示男聲**種類** ="a" 或女聲**種類** ="b"。

② 變數頁數用以表示電子書現在的頁碼。

③ 清單變數故事內容用以存放每頁電子書的文字內容，清單元素總共有 4 個，表示電子書的內容共有 4 頁。

2 Step
說故事副程式，用來播放電子書的內容，包括文字、圖片、聲音。

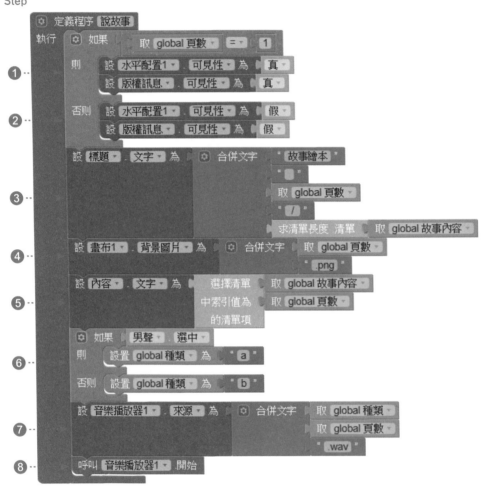

❶ 假如電子書在第 1 頁，顯示聲音選擇及版權訊息。

❷ 否則的話，則關閉聲音選擇及版權訊息。

❸ 設定標題顯示「故事繪本 1/4」，其中數字的前後都有一個空白。

❹ 設定背景圖案的來源檔名，頁數 =1 表示 1.png，頁數 =2 表示 2.png，依此類推。

❺ 設定電子書的內容為故事內容清單變數內的元素，頁數 =1 表示第 1 個，頁數 = 2 表示第 2 個，依此類推。

❻ 假如男聲被選取，變數種類 ="a"，否則的話變數種類 ="b"。

❼ 設定音樂播放器 1 元件的聲音檔來源，如果種類 ="a"，且頁數 =1，表示檔名為 a1.wav；同樣的，如果種類 ="b"，且頁數 =4，表示檔名為 b4.wav。

❽ 播放所指定的聲音檔。

3
Step
當手指在螢幕滑動時觸發**被滑過**事件，然後依據**速度X分量**參數的值判斷使用者是往右或往左滑，並將頁數減 1 或加 1，然後呼叫說故事副程式播放電子書內容。

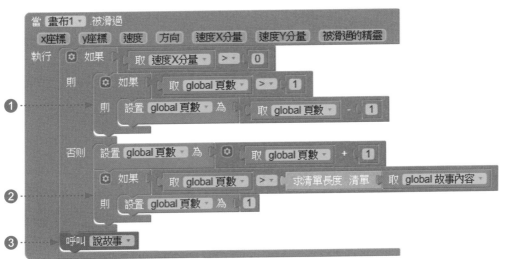

① 速度 X 分量 >0 表示手指往右滑動，電子書往前翻一頁，頁數 = 頁數 -1，如果頁數 <=1，則不改變頁數值，即不需翻頁的意思。

② 速度 X 分量 < 0 表示手指往左滑動，電子書往後翻一頁，頁數 = 頁數 +1，如果頁數 > 故事內容清單元素的個數，表示已經翻至最後一頁，則設定頁碼頁數為 1。

③ 呼叫說故事副程式，顯示及唸出電子書內容。

4
Step
當**音樂播放器1** 播放完成時執行本事件，假如電子書的頁碼小於**故事內容**清單元素的個數，表示未唸至最後一頁，則頁數=頁數+1，繼續往下一頁唸出電子書內容。

5 本範例可供選擇電子書播放的音調，預設是以女聲播放，當聲音的
Step 複選盒狀態被改變時，就要處理音調變更的事件。

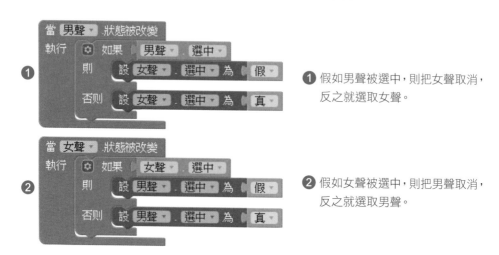

❶ 假如男聲被選中，則把女聲取消，反之就選取女聲。

❷ 假如女聲被選中，則把男聲取消，反之就選取男聲。

驗證執行：有聲書程式

當您連結至模擬器或行動裝置時，會出
現如右圖執行畫面，請用手指在色塊滑動即
可聽故事，試試選取男聲看看是否能正常唸
出電子書呢？

結語

凡是將資訊內容出版在電子媒體上的刊物，都可稱為電子書，一般
的電子書多半是由文字檔轉成 PDF 而來，讓您可在手機及電腦上閱讀。
近幾年隨著智慧型裝置手機與平板電腦的盛行，許多廠商也推出一系列
的有聲電子書 App，可以在 Google Play 或 Apple Store 內搜尋「有
聲書」，您會看到許許多多的產品，代表著電子閱讀有非常大的發展潛
力。

課後評量

1. (　　　　) **複選盒**元件的作用就是單選。

2. (　　　　) **對話框**元件在 Screen1 視窗是看不到的。

3. (　　　　) **畫布**的被滑過事件中求速度X分量>0 表示由下往上移動。

4. (　　　　) Notevibes 文字轉語音 Web 服務可以免費使用，所以沒版權。

5. (　　　　) http://openclipart.org 網站內的圖片都是原創者自願釋放到公共領域的作品。

6. 如何用 3 個**複選盒**元件做到三選一的功能，比方說「剪刀、石頭、布」？

7. 請比較 CheckBox.aia 與 Book.aia 程式的寫法有何不同？

8. 請利用**畫布**的被滑過事件來設計一個可翻頁的相簿。

9. 請改用**文字語音轉換器**元件做出本範例的電子書內容。

10. 如何在電子書內加上背景音樂呢？

MEMO

CHAPTER **8**

社交應用與微型
資料庫－通訊錄範例

本章學習重點

- 社交應用元件
- Activity 啟動器元件
- 清單選擇器元件
- 微型資料庫元件

課前導讀

在生活中，通訊錄是最典型的資料庫應用，將個人常用的聯絡資料在電腦裡建檔，並提供新增、查詢、修改、刪除等基本維護的功能，日後可以從電腦內查詢到所需要的聯絡資訊，比方說查詢久未聯絡的客戶電話然後撥打，然而這一切在智慧型手機的時代，除了可做到上述的基本維護功能外，還可以直接撥打電話、開啟網頁、搜尋地圖、傳簡訊…等等，非常方便與即時。

請設計一個通訊錄的 App，可以將「姓名、電話、地址、網址」等資料輸入存檔，然後根據此筆資料做撥打電話、查看地圖及瀏覽網站等功能，同時具備資料的基本維護如新增、查詢、修改或刪除等。

8-1 微型資料庫元件

微型資料庫元件的功能是**用來儲存資料，儲存時會以一個標籤(tag)做識別，將清單內容或字串保存下來**，在資料庫領域為 Key/Value 的概念，為一非可視元件。

實際運用上，您可以用來保存遊戲的最高分排行榜，將每次遊戲的分數以一個清單變數方式記錄，再存入微型資料庫中，日後可隨時取出資料做排序；或者有多個欄位資料時，以不同的清單變數記錄，再分別存進不同的微型資料庫標籤。這樣就算程式關閉了，下次再開啟時資料也會保存下來，只要找到當時儲存時的標籤，就可以取出資料了。

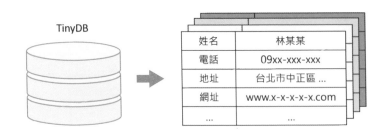

微型資料庫元件位於**畫面編排**視窗元件面板/**資料儲存**內的**微型資料庫**，方法則位於**程式設計**視窗 **Screen1/微型資料庫1** 內，相關方法和屬性如下。

TIP 要留意的是，每個 App Inventor 程式擁有自己的微型資料庫，因此您無法讓兩個不同的應用程式共用同一個微型資料庫，只能使用第 11 章介紹的多重畫面 MultiScreen 方式來達成，這部分待後續再為您說明做法。

微型資料庫元件中，最常用的方法就是取得數值和儲存數值，其元件圖形如下表，稍後範例會實際示範取得和儲存資料的操作：

方法	圖形	功能
取得數值	呼叫 微型資料庫1 .取得數值 標籤 無標籤時之回傳值 " "	取得指定標籤的資料，如果其下沒有任何資料，則傳回空的字串或設定的文字內容
儲存數值	呼叫 微型資料庫1 .儲存數值 標籤 儲存值	以指定的標籤儲存一筆資料，**標籤**參數必須是文字字串；**儲存值**可以為字串或清單

清單選擇器元件

稍後的練習範例我們會使用到清單選擇器事件，用此元件來選取清單中的項目內容。元件位於**畫面編排**視窗**元件面板/使用者介面/清單選擇器**，事件、方法或指令則位於**程式設計**視窗 **Screen1/清單選擇器1** 內，使用者可以點選**清單選擇器**元件來選擇其中的某個項目。

當使用者點選**清單選擇器**元件時，它會顯示一串項目讓使用者來選取，其項目可在**畫面編排**或**程式設計**中設定**元素字串**屬性，並以逗號分隔並排，例如：選項1, 選項2, 選項3 …，或在**程式設計**中使用**元素**指令指定為某個清單內容。

常用指令

名稱	圖形	功能
元素	設 清單選擇器1 . 元素 為	設定元件內容為指定清單內容
元素字串	設 清單選擇器1 . 元素字串 為	設定元件內容為指定字串內容
選中項	設 清單選擇器1 . 選中項 為	傳回選定的清單項目
選中項索引	設 清單選擇器1 . 選中項索引 為	傳回選定的清單索引值

常用方法

名稱	圖形	功能
開啟選取器	呼叫 清單選擇器1 開啟選取器	開啟清單選擇功能，讓使用者點選

常用事件

圖形	功能
當 清單選擇器1 準備選擇 執行	當點選清單選擇器，但還沒點選某項目時呼叫本事件
當 清單選擇器1 選擇完成 執行	當點選清單選擇器中某個項目後呼叫本事件

微型資料庫練習範例 (TinyDB.aia)

　　我們以**微型資料庫**元件配合**清單選擇器**、**文字輸入盒**及**按鈕**元件製作一個儲存電話的迷你型資料庫，可以輸入電話號碼存檔，並可透過查詢功能將該筆資料查出，同時可將該筆資料刪除 (清單指令請查看　5-2　節的說明)。其原理是將**電話.文字**的內容存入清單變數**電話號碼**內，再以**電話**為標籤存入微型資料庫內。

畫面編排

1
Step

登入 App Inventor 2 後，在**專案**功能表中，按「**新增專案**」，輸入「TinyDB」後再按「**確定**」鈕，建立一個新的專案。

2
Step

請依照下表新增元件，完成各個元件的設定 (元件清單和圖示請對照上圖)。

元件類別	元件清單	元件屬性元件
	Screen1	標題→資料庫
介面配置/水平配置	水平配置 1	寬度→填滿
使用者介面/文字輸入盒	電話	提示→請輸入手機號碼
使用者介面/按鈕	刪除	文字→刪除 可見性→打勾取消
介面配置/水平配置	水平配置 2	寬度→填滿
使用者介面/按鈕	新增	文字→新增 寬度→填滿
使用者介面/清單選擇器	清單選擇器 1	文字→查詢 寬度→填滿
資料儲存/微型資料庫	微型資料庫 1	不用設定

程式設計

1
Step

宣告變數電話號碼為空的清單變數，用以存放電話號碼。

初始化全域變數 電話號碼 為 ⚙ 建立空清單

2
Step

當按下「**新增**」鈕時，將輸入的電話號碼電話.文字存至電話號碼清單變數內，再以**電話**標籤存入微型資料庫1，同時將電話.文字的內容清除。

3
Step

當按下「**查詢**」鈕時，從微型資料庫1的**電話**標籤取出資料給電話號碼清單變數，同時設定**清單選擇器1**的元件內容為電話號碼清單內容。

當 清單選擇器1 ▼ .準備選擇
執行　設置 global 電話號碼 為　呼叫 微型資料庫1 ▼ .取得數值
　　　　　　　　　　　　　　　　　　　標籤　 " 電話 "
　　　　　　　　　　　　　　無標籤時之回傳值　 ⚙ 建立空清單
　　　設 清單選擇器1 ▼ . 元素 ▼ 為　取 global 電話號碼 ▼

4
Step

當選取完項目時，將選取的內容設定給電話.文字，同時將「**刪除**」鈕顯示。

當 清單選擇器1 ▼ 選擇完成
執行　設 電話 ▼ . 文字 ▼ 為　清單選擇器1 ▼ . 選中項 ▼
　　　設 刪除 ▼ . 可見性 ▼ 為　真 ▼

5
Step

當按下「**刪除**」鈕時，將選取的電話號碼電話.文字從電話號碼清單變數內移除，再以**電話**標籤存入微型資料庫1，同時將電話.文字的內容清除及「**刪除**」鈕隱藏。

當 刪除 ▼ 被點選
執行　刪除清單　取 global 電話號碼 ▼
　　　中第　　清單選擇器1 ▼ 選中項索引 ▼
　　　項
　　　設 電話 ▼ . 文字 ▼ 為　" ▢ "
　　　設 刪除 ▼ . 可見性 ▼ 為　假 ▼
　　　呼叫 微型資料庫1 ▼ .儲存數值
　　　　　　　　　　　　　標籤　 " 電話 "
　　　　　　　　　　　　儲存值　取 global 電話號碼 ▼

▌驗證執行

　　當您連結至模擬器或行動裝置時，會出現執行畫面，請輸入手機號碼後，按下「**新增**」，再利用「**查詢**」功能查出電話號碼，試試**刪除**功能，看看程式是否正確執行。

TIP iOS 系統在查詢時按下「Cancel」，刪除鈕仍會出現，請留意。

延伸練習

上述範例在操作過程有幾個小問題，請試著修正它們。

問題 1：當您查詢出電話，又按下「**新增**」鈕時，「**刪除**」按鈕卻一直存在？

☑ 提示：只要把刪除鈕隱藏即可。

問題 2：如果沒有輸入資料，又按下「**新增**」會發生什麼事，該如何克服？

☑ 提示：會出現錯誤訊息(如果是第 1 次執行的話)或存入空白資料(如果已有輸入資料時)，只要在存檔之前加入是否為空，判斷是否有輸入資料。

問題 3：如何設計在查詢時沒有資料會出現警告訊息，而不是只有全黑畫面？

☑ 提示：只要在當清單選擇器1.準備選擇…執行事件加入判斷是否為空清單，如果不是，才設定清單選擇器1.元素，否則的話，使用**對話框**元件顯示錯誤訊息。

8-2　社交應用元件

　　通訊是手機最主要的功能之一，若要在應用程式中提供通話或簡訊等功能，就要使用到**電話撥號器**或**簡訊**元件。

電話撥號器元件

　　此元件的功能顧名思義，就是**用來撥打電話**，只要透過屬性電話號碼來設定電話號碼，配合撥打電話方法，就能撥打電話。元件位於**畫面編排視窗元件面板/社交應用**內的**電話撥號器**，方法或指令則位於**程式設計視窗 Screen1/電話撥號器1** 內，為一非可視元件。電話號碼屬性中的電話號碼要按照規定的格式輸入，其格式為 042xxxxxxx 或 09xxxxxxxx，電話號碼中可包含「-」、「_」或句號、括號，這些會自動被忽略，但請注意不可包含空格。

```
09XX-XXX-XXX    ──→    合法格式
09XX XXX XXX    ──→    無法辨識
```

常用指令

名稱	圖形	功能
電話號碼	設 電話撥號器1 ▾ . 電話號碼 ▾ 為	設定要撥打的電話號碼

常用方法

名稱	圖形	功能
撥打電話	呼叫 電話撥號器1 ▾ . 撥打電話	對**電話號碼**屬性中指定的電話號碼撥打電話

簡訊元件

　　簡訊元件**可讓使用者收發簡訊**，為一非可視元件，當呼叫發送消息方法時，會對屬性電話號碼所指定的電話號碼送出一封簡訊，簡訊內容是在簡訊屬性中設定。當收到簡訊時，會自動呼叫收到訊息事件並回傳寄件人電話號碼與訊息內容。元件位於**畫面編排**視窗**元件面板/社交應用**內的**簡訊**，方法或指令則位於**程式設計**視窗 **Screen1/簡訊1** 內。

常用指令

名稱	圖形	功能
電話號碼	設 簡訊1 ▾ . 電話號碼 ▾ 為	設定欲發送簡訊的電話號碼
簡訊	設 簡訊1 ▾ . 簡訊 ▾ 為	設定欲發送的簡訊內容

常用方法

名稱	圖形	功能
發送訊息	呼叫 簡訊1 ▾ . 發送訊息	向屬性**電話號碼**指定的電話號碼發送一封簡訊，簡訊內容是在**簡訊**屬性中設定

常用事件

圖形	功能
當 簡訊1 收到訊息 數值 訊息內容 執行	收到簡訊時呼叫本事件,參數**數值**代表寄件人電話號碼,**訊息內容**代表簡訊內容

8-3 Activity 啟動器元件

　　元件位於**畫面編排**視窗元件面板/**通訊**內的 **Activity 啟動器**,指令、事件或方法則位於**程式設計**視窗 **Screen1/Activity 啟動器1** 內,它是一個非可視元件,其作用是透過相關的屬性設定可以呼叫其他的應用程式,最常用來**呼叫行動裝置的瀏覽器開啟網頁或呼叫內建的 Google 地圖搜尋地址。**

TIP 如果出現底下「Error 601: No corresponding activity was found.」錯誤,表示該裝置不支援 activity 功能。

常用指令

名稱	圖形	功能
資料 URI	設 Activity啟動器1 . 資料URI 為	設定呼叫 Activity 的資料 URI (Uniform Resource Identifier)

常用方法

名稱	圖形	功能
啟動 Activity	呼叫 Activity啟動器1 . 啟動Activity	啟動欲呼叫的 Activity

Activity 啟動器練習範例 1：開啟網頁

在**畫面編排**內的屬性 **Action** 中輸入「**android.intent.action. VIEW**」(請留意大小寫，內容沒有空格)，屬性**資料 URI** 輸入網址如「https://www.facebook.com」，配合**程式設計**視窗內 **Screen1/Activity 啟動器1**/呼叫 Activity 啟動器1.啟動 Activity 方法即可開啟 facebook 網頁。

畫面編排

程式設計

驗證執行

練習範例 2：搜尋地址

在**畫面編排**內的屬性 Action 中輸入「**android.intent.action. VIEW**」，屬性資料 URI 輸入「**geo:0,0?q=xxxx**」，其中「xxxx」表示某一個地址，配合**程式設計**內 **Screen1/Activity 啟動器1**/呼叫 Activity 啟動器1.啟動 Activity 方法即可搜尋某地址的地圖。

畫面編排

程式設計

驗證執行

8-4 通訊錄 (Addressbook.aia)

在 TinyDB.aia 這個範例中，為了讓我們更容易學習，只做了單一欄位的資料儲存，在實際運用上功能略顯陽春，因此我們根據 8-1 節的範例加以改良變成具備基本的資料維護功能，包括：「新增、查詢、修改及刪除」等，而資料欄位也從只有一個電話欄位增加到有姓名、電話、地址與網址等 4 個欄位，同時查到的電話號碼可以直接用手機撥打，地址可用 Google 地圖查詢所在位置，網址也可開啟並連線至該網站。

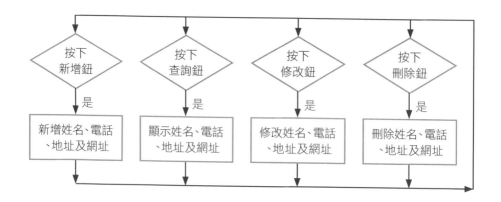

畫面編排

由於通訊錄系統的元件相當繁多，我們將整個內容拆成三個部分來說明，一為**主畫面**部分，二為**新增、修改畫面**部分，三為**顯示**及**修改、刪除畫面**部分。

主畫面

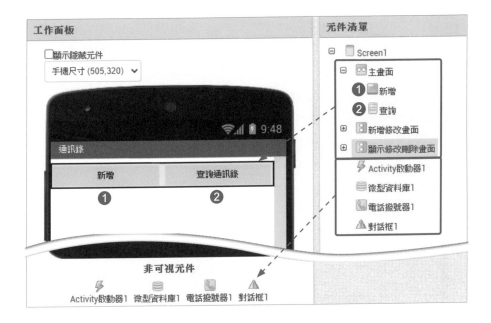

新增、修改畫面

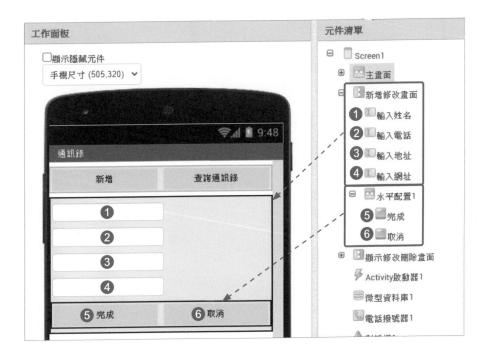

顯示及修改、刪除畫面

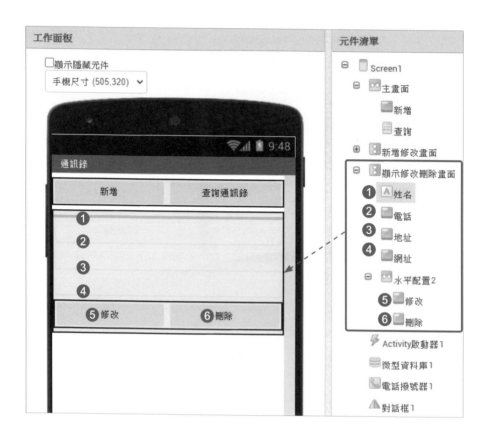

1
Step 登入 App Inventor 2 後，在**專案**功能表中，按「**新增專案**」，輸入「Addressbook」後再按「**確定**」鈕，建立一個新的專案。

2
Step 請依照下表新增元件，完成各個元件的設定(元件清單和圖示請對照前面 3 個畫面圖)。

元件類別	元件清單	元件屬性設定	作用
	Screen1	標題→通訊錄	
介面配置/水平配置	主畫面	寬度→填滿	
使用者介面/按鈕	新增	文字→新增 寬度→填滿	新增按鈕
使用者介面/清單選擇器	查詢	文字→查詢通訊錄 寬度→填滿	查詢通訊錄
通訊/Activity啟動器	Activity 啟動器 1	Action→android.intent.action.VIEW	開啟網址或地圖
資料儲存/微型資料庫	微型資料庫 1	不用設定	資料庫
使用者介面/對話框	對話框 1	不用設定	顯示訊息
社交應用/電話撥號器	電話撥號器 1	不用設定	撥打電話
介面配置/垂直配置	新增修改畫面	寬度→填滿	新增、修改畫面
使用者介面/文字方塊	輸入姓名	提示→請輸入姓名？	姓名欄位
使用者介面/文字方塊	輸入電話	提示→請輸入電話？	電話欄位
使用者介面/文字方塊	輸入地址	提示→請輸入地址？	地址欄位
使用者介面/文字方塊	輸入網址	提示→請輸入網址？	網址欄位
介面配置/水平配置	水平配置 1	寬度→填滿	
使用者介面/按鈕	完成	文字→完成 寬度→填滿	完成鈕
使用者介面/按鈕	取消	文字→取消 寬度→填滿	取消鈕
介面配置/垂直配置	顯示修改刪除畫面	寬度→填滿	顯示、修改及刪除畫面
使用者介面/標籤	姓名	文字→空白 寬度→填滿	顯示姓名
使用者介面/按鈕	電話	背景顏色→透明 寬度→填滿 文字→空白 文字對齊→靠左	顯示電話

接下頁

元件類別	元件清單	元件屬性設定	作用
使用者介面/按鈕	地址	背景顏色→透明 寬度→填滿 文字→空白 文字對齊→靠左	顯示地址
使用者介面/按鈕	網址	背景顏色→透明 寬度→填滿 文字→空白 文字對齊→靠左	顯示網址
介面配置/水平配置	水平配置 2	寬度→填滿	
使用者介面/按鈕	修改	文字→修改 寬度→填滿	修改鈕
使用者介面/按鈕	刪除	文字→刪除 寬度→填滿	刪除鈕

註：最後將**新增修改畫面**及**顯示修改刪除畫面**的「可見性」→打勾取消。

程式設計

1
Step
首先宣告程式中會用到的 6 個變數，其作用如下：

❶ 初始化全域變數 索引 為 0

❷ 初始化全域變數 功能 為 " 新增 "

❸ 初始化全域變數 姓名資料 為 ⚙ 建立空清單

❹ 初始化全域變數 電話資料 為 ⚙ 建立空清單

❺ 初始化全域變數 地址資料 為 ⚙ 建立空清單

❻ 初始化全域變數 網址資料 為 ⚙ 建立空清單

❶ 宣告索引變數用以記錄查詢時，資料在清單的位置，

　它是一個索引值。

❷ 宣告功能變數用以辨識現在是新增或修改功能。

❸ 宣告姓名資料清單變數用以儲存姓名欄位的資料。

❹ 宣告電話資料清單變數用以儲存電話欄位的資料。

❺ 宣告地址資料清單變數用以儲存地址欄位的資料。

❻ 宣告網址資料清單變數用以儲存網址欄位的資料。

2 Step　程式一開啟就先執行讀取資料的副程式，副程式內會用四個變數讀取微型資料庫中「姓名、電話、地址、網址」4 個標籤的資料。

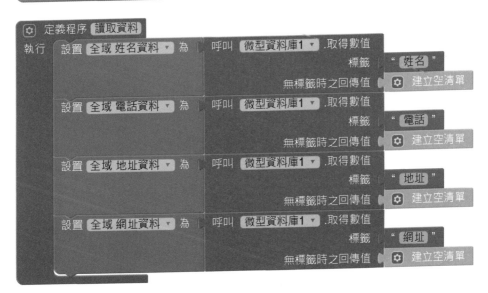

3 另外再建立儲存資料副程式用來將清單變數的內容儲存至微型資料
Step 庫1內，同時為了容易理解，我們將每一個欄位資料存成一個標
籤，讓資料內容變成一維陣列。

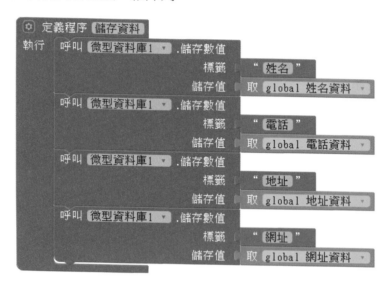

4 我們在設計「**新增**」與「**修改**」兩個功能時，因其輸入的畫面是一
Step 樣的，所以在製作上共用了新增修改畫面，在程式碼中為了能夠區
分兩種功能，就以變數功能值來判斷。

❶ 新增、修改畫面開啟。

❷ 顯示及修改、刪除畫面關閉。

❸ 設定變數功能＝新增，表示
「新增」功能。

❹ 設定變數功能＝修改，表示
「修改」功能。

❺ 將查詢到的姓名、電話、地
址、網址資料分別設定給
文字輸入盒輸入姓名、輸入
電話、輸入地址、輸入網址。

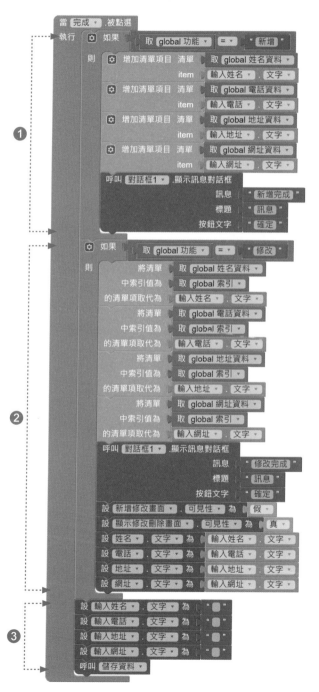

5 在「**新增**」或「**修改**」功能中按下「**完成**」鈕時，執行以下程式
Step 碼，共分成三個部分，❶ 為新增資料，❷ 為修改資料，❸ 為清除
資料及存檔至微型資料庫1。

❶ 假如功能="新增"，表示新增功能，則將輸入姓名、輸入電話、輸入地址、輸入網址等 4 個文字輸入盒分別存至姓名資料、電話資料、地址資料、網址資料等 4 個清單變數內，同時顯示「新增完成」的訊息。

❷ 假如功能="修改"，表示修改功能，則將輸入姓名、輸入電話、輸入地址、輸入網址等 4 個文字輸入盒分別取代姓名資料、電話資料、地址資料、網址資料等 4 個清單變數內原有位置的資料，並顯示「修改完成」的訊息，同時也將新增、修改畫面與顯示及修改、刪除畫面關閉。

❸ 將輸入姓名、輸入電話、輸入地址、輸入網址等 4 個文字輸入盒的內容清除，同時呼叫儲存資料副程式將清單變數存至微型資料庫 1 內。

6
Step

當按下「**取消**」鈕時，將新增修改畫面關閉，假如功能 = "修改" 時，將顯示修改刪除畫面開啟。

7
Step

當按下「**刪除**」鈕時，執行以下程式碼，刪除指定的通訊錄內容。

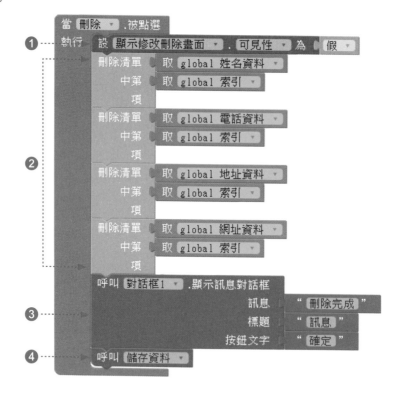

❶ 將顯示及修改、刪除畫面關閉。

❷ 將資料從**姓名資料、電話資料、地址資料、網址資料**等 4 個清單變數內移除。

❸ 顯示「刪除完成」的訊息。

❹ 呼叫儲存資料副程式，將清單變數存至微型資料庫 1 內。

8
Step

當按下「**查詢通訊錄**」時,先判斷微型資料庫1內是否為空,是的話顯示「微型資料庫沒有資料」,否則的話在查詢清單內放入姓名資料以供查詢。

9
Step

當在「**查詢通訊錄**」選取項目後,變數**索引**用來表示選擇的項目在清單中的位置,姓名.文字表示選取的**姓名資料**清單資料,電話.文字、地址.文字和網址.文字為取得**電話資料**、**地址資料**、**網址資料**清單變數位置**索引**的資料。

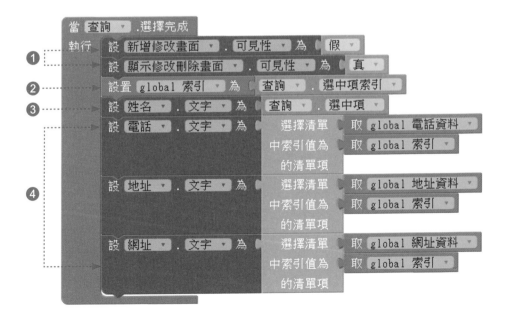

❶ 將新增、修改畫面關閉，顯示及修改、刪除畫面開啟，以顯示查詢到的資料。

❷ 將選取的資料在清單位置的索引值設定給變數索引。

❸ 設定姓名.文字為選取的資料內容。

❹ 我們將姓名、電話、地址、網址的資料以清單的方式儲存，因此當用姓名查詢
到所需的資料時，其查詢的位置就是每一個清單變數所要取出的資料位置，
故將每一個清單變數索引位置的資料設定給文字輸入盒，以顯示其結果。

10 Step
當按下「**電話**」、「**地址**」及「**網址**」鈕時，分別執行撥打電話、
搜尋地圖及開啟網頁等功能。

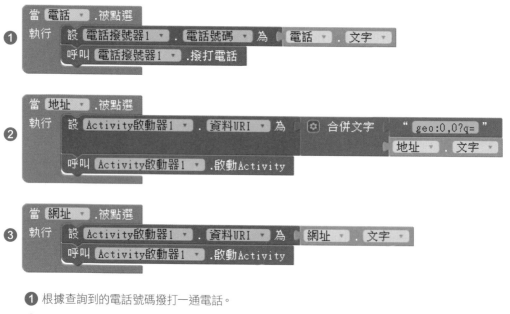

❶ 根據查詢到的電話號碼撥打一通電話。

❷ 根據查詢到的地址進行 Google 地圖搜尋。

❸ 開啟查詢到的網址。

驗證執行：通訊錄程式

當您連結至模擬器或行動裝置時，會出現執行畫面，您可以新增幾筆資料，測試查詢功能、修改及刪除是否正確執行，另外當查詢出的資料是否可以撥打電話、查看地址與開啟網頁等功能是否也能正確執行，要注意的是查看地址與開啟網頁必須先開啟Wi-Fi才能使用。

TIP iOS 系統在查詢時按下「Cancel」，刪除及修改功能仍會出現；同時資料在最後一筆的刪除功能會刪不掉；Activity 功能也無法使用，請留意。

課後評量

1. (　　　) **電話撥號器**元件的電話號碼中可包含「-」、「_」或句點，但不可包含空格。

2. (　　　) `查詢 ▼` `選中項索引 ▼` 為所選擇的清單項目。

3. (　　　) **Activity 啟動器**元件使用時，需在**畫面編排**內的屬性 Action 中輸入「android.intent.action.VIEW」，如此元件才有搜尋 Google 地圖作用。

4. (　　　) **微型資料庫**元件可以讓 Android 裝置上的兩個不同應用程式彼此傳遞資料。

5. (　　　) 電話撥號器元件還有傳送簡訊的功能。

6. (　　　) 微型資料庫元件在儲存資料時都會包含標籤。

7. 請在通訊錄的 App 中加入傳簡訊的功能。

8. 請設計一個程式，輸入每次玩遊戲的分數，然後會自動存至**微型資料庫**，並顯示最高的分數。

9. 通訊錄程式的「新增」功能，如果沒輸入資料就按「完成」會存入空白資料，該如何克服這個問題？

10. 請設計一個程式，只要輸入想找的地名，即可以地圖顯示。

CHAPTER

9

定位與地圖元件－
垃圾車開到哪

本章學習重點

● 位置感測器元件

● FirebaseDB 元件

● 地圖元件

● 垃圾車開到哪

課前導讀

GPS 位置一直是行動裝置的最大運用，例如您的附近有哪些好吃的東西、好玩的地方、好看的電影或是好朋友等，另外應用程式 App 利用您所在的位置統計出使用群、喜好事物等等，其實都是根據當下位置所做的運用。

本章將介紹三個新的元件，一是位置感測器元件用來取得行動裝置的 GPS 座標，二是 FirebaseDB 元件用來儲存資料，三是地圖、標記及線條字串元件用來顯示 GPS 座標的地圖及標記，同時繪製行進軌跡。

我們將製作 2 個 App 來達到「垃圾車開到哪」的功能，9-2 節範例用來記錄垃圾車的位置，並儲存至 FirebaseDB，9-4 節範例 App 則透過 FirebaseDB 讀取記錄的座標值，將其在地圖上顯示其軌跡及現在位置。

9-1 位置感測器元件

位置感測器為一非可視元件，**會回傳您行動裝置現在所處位置的經緯度座標和高度**(如果設備支援的話)，並透過屬性**可用供應商**來得知現在支援的 GPS 方式。

元件位於**畫面編排視窗元件面板/感測器/位置感測器**，方法或指令則位於**程式設計視窗 Screen1/位置感測器1** 內。其中屬性**間距**是指最少的位置改變距離，預設值為 0，**時間間隔**是最小觸發時間，單位為毫秒，預設值為 60 秒，兩者都會自動觸發**位置被更改**事件。

 開啟 Android 的 GPS 衛星定位功能

使用**位置感測器**元件時需先開啟 GPS 服務，請點選**設定/定位/開啟 (定位服務)** 即可，要注意的是在室內或室外都可使用**高精確度**或**節省電池電力**定位，室外才使用**僅裝置**定位，否則會產生定位不到的情形，而且剛開啟的 GPS 需等待它定位完成，才會取得 GPS 座標值，有時要等 3~5 分鐘以上，要看行動裝置跟感測器的情況。

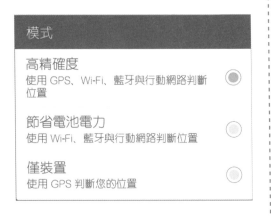

常用指令

名稱	圖形	功能
可用供應商	位置感測器1 ‧ 可用供應商	GPS 服務方式有三種值，gps 衛星定位、network 網路定位、passive 無定位
緯度	位置感測器1 ‧ 緯度	傳回設備的緯度值
經度	位置感測器1 ‧ 經度	傳回設備的經度值

常用方法

名稱	圖形	功能
由地址轉換為緯度	呼叫 位置感測器1 ‧ 由地址轉換為緯度 位置‧名稱	傳回指定地址的緯度值
由地址轉換為經度	呼叫 位置感測器1 ‧ 由地址轉換為經度 位置‧名稱	傳回指定地址的經度值

常用事件

名稱	圖形	功能
位置變化	當 位置感測器1 ‧ 位置變化 緯度 經度 海拔 速度 執行	位置變化時呼叫本事件： 參數緯度代表緯度 參數經度代表經度 參數海拔是海拔高度 參數速度以米/秒為單位

位置感測器練習範例 (LocationSensor.aia)

我們利用行動裝置的**位置感測器**取得經緯度，再透過 **Activity 啟動器**在 Google Maps 呈現，使用時必須開啟 Wi-Fi 功能及 GPS 服務，才能順利操作此功能。

畫面編排

1
Step

登入 App Inventor 2 後，在**專案**功能表中，按「**新增專案**」，輸入「LocationSensor」後再按「**確定**」鈕，建立一個新的專案。

2
Step

請依照下表新增元件，完成各個元件的設定 (元件清單和圖示請對照上圖)。

元件類別	元件清單	元件屬性設定
	Screen1	標題→LocationSensor範例
介面配置/水平配置	水平配置 1	寬度→填滿
使用者介面/按鈕	定位	文字→定位
使用者介面/標籤	經緯度	文字→空白
感測器/位置感測器	位置感測器 1	不用設定
通訊/Activity 啟動器	Activity 啟動器 1	Action→android.intent.action.VIEW

程式設計

當按下畫面中**定位按鈕**，就會嘗試取得 GPS 定位資訊，若 GPS **供應商名稱**為 "passive" 表示未開啟 GPS，則以訊息通知使用者啟動 GPS。

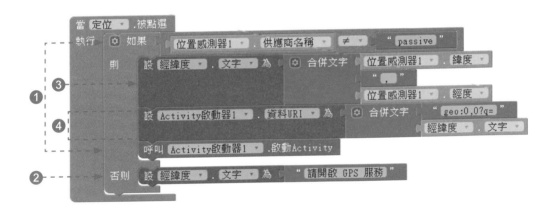

❶ 假如 GPS **供應商名稱**不等於 "passive"，表示可能為 gps 或 network，此時顯示出設備的經緯度，及秀出在 Google 地圖上的位置。

❷ GPS **供應商名稱**為 "passive"，表示尚未開啟 GPS 服務，此時顯示出「請開啟 GPS 服務」的訊息。

❸ 顯示取得現在裝置的經緯度。

❹ 由 **Activity 啟動器**在 Google Maps 搜尋取得裝置的經緯度座標值之位置。

驗證執行：定位程式

當您連結至模擬器或行動裝置時，會出現執行畫面，當按下「**定位**」鈕時，會開啟 Google 地圖並顯示設備所在的位置。此時您會發現不管按幾次「**定位**」鈕，在模擬器中的座標值都是 0,0，這是因為模擬器無法取得 GPS 的座標值，此時，若換成實體手機即可得到經、緯度數值，但要記住先開啟 Wi-Fi 及 GPS 服務哦！

模擬器無法取得定位資訊

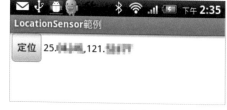

實機執行結果

TIP 如果出現底下「Error 601: No corresponding activity was found.」錯誤，表示該裝置不支援 activity 功能。

> Error 601: No corresponding activity was found.

9-2 FirebasDB 元件

FirebaseDB 元件為 http://www.firebase.com 提供的資料庫 (已被 Google 收購)，**是一個非可視元件，可以讓 App 的使用者彼此共享資料**，跟微型資料庫元件一樣採用 Key/Value 的概念；使用者可以自行到 http://www.firebase.com 官網申請並建立專案，透過設定屬性 **Firebase URL 網址**，就可以擁有自己專屬的雲端資料庫，要注意的是 Firebase DB 元件還在測試階段，日後可能會改版，使用此元件的 App 到時候可能無法順利執行；另外模擬器由於版本太舊無法模擬 FirebaseDB 元件的功能，必須打包到手機上來執行才可。

FirebaseDB 元件位於**畫面編排**視窗**元件面板 / 測試性**內的 **FirebaseDB**，方法則位於**程式設計**視窗 **Screen1/FirebaseDB1** 內。

常用方法

方法	圖形	功能
取得數值	呼叫 FirebaseDB1 ▾ .取得數值 標籤 無標籤時之回傳值 " "	取得指定標籤的資料，**標籤**參數必須是文字字串，當執行後會觸發取得數值事件。
儲存數值	呼叫 FirebaseDB1 ▾ .儲存數值 標籤 儲存值	以指定的標籤儲存一筆資料，**標籤**參數必須是文字字串；**儲存值**可以是字串或清單，完成後會觸發資料改變事件。
增加訊息	呼叫 FirebaseDB1 ▾ .增加訊息 標籤 valueToAdd	以指定的標籤自動將值附加到列表的末尾，**標籤**參數必須是文字字串；**valueToAdd** 可以為字串或清單

常用事件

名稱事件	圖形	功能
取得數值	當 FirebaseDB1 ▾ .取得數值 標籤 value 執行	在執行取得數值方法後觸發本事件，**標籤**表示讀取到的標籤內容，**value** 表示讀取到的資料值
儲存數值	當 FirebaseDB1 ▾ .資料改變 標籤 value 執行	當 FirebaseDB 儲存完資料觸發本事件，可用來提示訊息或顯示資料內容

申請 Firebase

1
Step
開啟瀏覽器後輸入網址 http://www.firebase.com，進入 Firebase 官網，點選「**前往主控台(Go to console)**」並登入 Google 帳號，以便建立專案。

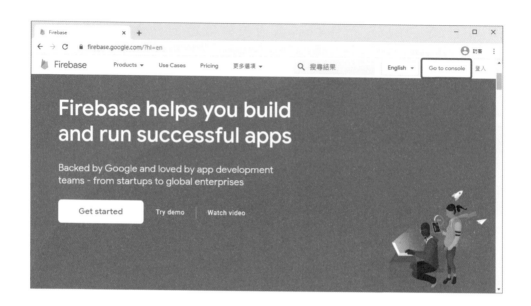

2
Step
按下「**建立專案**」後，輸入「專案名稱」(名稱不得少於4個字
元)後，勾選「我接受 Firebase 條款」，再點選「**繼續**」進入「專
案分析」設定畫面。

3 取消「啟用這項專案的 Google Analytics (分析) 功能」，再點選
Step 「**建立專案**」，值到出現「新專案已準備就緒」字樣，再按下「**繼**
續」表示建立完成。

4 | 請點選左側的「**建構**」後，再往下拉至 Realtime Database
Step 處，再點選「**建立資料庫**」，先設定資料庫為「美國」後按繼續，
進入即時資料庫安全性規則。

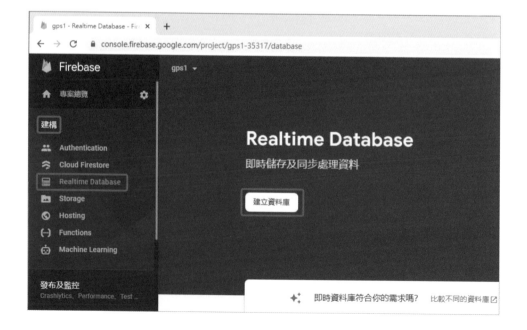

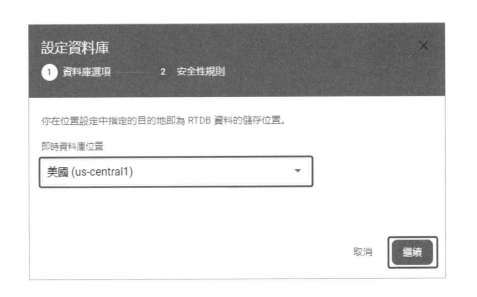

5
Step 請點選「**以測試模式啟動**」，然後按下「**啟用**」鈕，稍待一會即可
啟用資料庫。

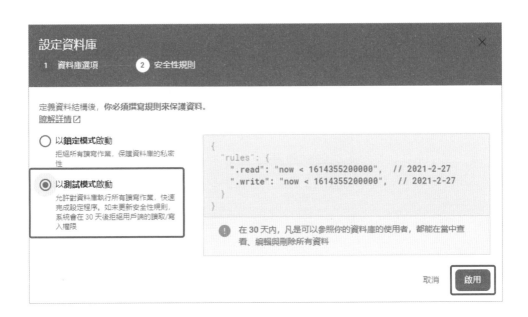

6
Step
請先複製下圖框選起來的網址,稍後我們要貼到 FirebaseDB 元件的屬性「Firebase URL 網址」內。

FirebaseDB 練習範例 (FirebaseDB.aia)

我們將運用 FirebaseDB 元件設計一個 App，可以記錄所在位置。

畫面編排

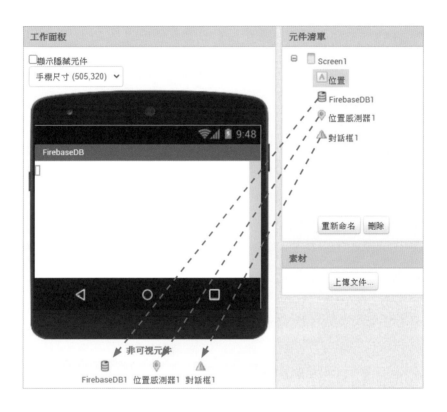

1
Step
登入 App Inventor 2 後，在**專案**功能表中，按「**新增專案**」，輸入「FirebaseDB」後再按「**確定**」鈕，建立一個新的專案。

2
Step
請依照下表新增元件，完成各個元件的設定 (元件清單和圖示請對照上圖)。

元件類別	元件清單	元件屬性設定
	Screen1	標題→FirebaseDB
使用者介面/標籤	位置	文字→空白
測試性/FirebaseDB	FirebaseDB 1	Firebase URL 網址→(填入前述 FirebaseDB 網址)，也可以勾選「使用預設值」，專案→GPS
感測器/位置感測器	位置感測器 1	不用設定
使用者介面/對話框	對話框 1	位置感測器

程式設計

1
Step
當程式一開始執行時，先判斷 GPS 是否開始，如果是的話呼叫 FirebaseDB1.儲存數值設定「位置」標籤的初值為一個空清單，否則的話就顯示「請開啟GPS定位!」訊息。

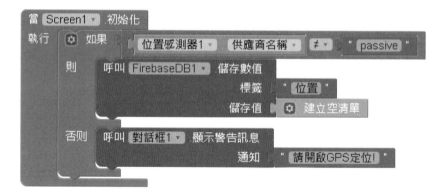

2
Step
當位置有變化時 (預設每 1 分鐘更新 1 次)，將經、緯度存至「位置」標籤，並附加至尾端。

3
Step 當有資料改變時在位置.文字顯示「位置」標籤的清單值，以反向顯示，即按資料新舊排序。

驗證執行：FirebaseDB 元件程式

當您連結至模擬器或行動裝置後，請先開啟 GPS 定位及網路服務，系統會將經、緯度座標儲存至 FirebaseDB (注意模擬器無法取得定位的資訊，請使用實體手機，不過iOS 目前執行會出現「invoke: unable to invoke method `StoreValue` in object of type boolean. Irritants: ()」的錯誤。)。

9-3 地圖元件

地圖元件由 OpenStreetMap 貢獻者和美國地質調查局所提供，**允許多個標記元件標識地圖上的點**，或使用**圓形工具、特徵集、線條字串、多邊形、長方形…在其上做出標識**，在 LocationSensor.aia 範例中，我們使用位置感測器取得行動裝置現在的 GPS 座標，然後執行 Activity 啟動器呼叫內建的 Google 地圖來顯示其座標位置，類似的功能，我們將以位置感測器配合「地圖元件」結合「標記元件」、「FirebaseDB 元件」來實作不一樣的做法。

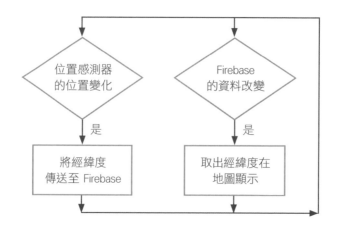

　　地圖元件位於**畫面編排**視窗**元件面板 / 地圖**內的**地圖**，方法則位於**程式設計**視窗 **Screen1/地圖**內。

常用屬性

名稱	圖形	功能
中心字串	設 地圖1 ▾ . 中心字串 ▾ 為	設定地圖元件的中心位置，其格式為「緯度,經度」，透過「景向」方法來動態呈現中心位置的改變
地圖類型	設 地圖1 ▾ . 地圖類型 ▾ 為	設定地圖類型，1表「路線圖」、2表「鳥瞰圖」、3表「地勢圖」，並不是所有地圖類型都支援每個縮放程度
縮放程度	設 地圖1 ▾ . 縮放程度 ▾ 為	設定地圖縮放等級，範圍為1~20，並不是每個縮放程度都支援所有地圖類型

常用方法

名稱	圖形	功能
景向	呼叫 地圖1 ▾ .景向　緯度　經度　縮放 (遠近)	以動畫形式將地圖元件的中心位置平移至指定的經、緯度並縮放至指定縮放等級

標記元件

標記元件同樣在**元件面板/地圖**內，**用來標示地圖上的點**，可以是建築物或興趣點，透過屬性「填色」或「圖像資料」改變標記外觀，也可以使用地圖元件的「創建標記」方法來動態新增標記。

常用屬性

屬性	圖形	功能
填色	設 標記1▾ . 填色▾ 為	設定填充標記元件的顏色
圖像資料	設 標記1▾ . 圖像資料▾ 為	設定元件要顯示的圖案，上傳一張圖片並指定檔名或使用網址，空白表示使用預設圖案

常用方法

屬性	圖形	功能
設定位置	呼叫 標記1▾ .設定位置 緯度 經度	設定標記元件的座標位置，這比起分別設定經、緯度來得有效率

地圖元件練習範例 (Map.aia)

在本範例的畫面設計上，我們結合 FirebaseDB、地圖及標記元件，顯示地圖時會先從上個例子中 FirebaseDB 取得儲存的 GPS 座標，再標示在地圖上。

畫面編排

1 <u>Step</u> 登入 App Inventor 2 後，在**專案**功能表中，按「**新增專案**」，輸入「Map」後再按「**確定**」鈕，建立一個新的專案。

2 <u>Step</u> 請依照下表新增元件，完成各個元件的設定 (元件清單和圖示請對照上圖)。

元件類別	元件清單	元件屬性設定
	Screen1	標題→地圖元件
地圖/地圖	地圖 1	高度→填滿 寬度→填滿
地圖/標記	標記 1	不用設定
測試/FirebaseDB	FirebaseDB 1	Firebase URL 網址→(填入前述 FirebaseDB 網址)，專案→GPS

程式設計

1 宣告位置字串用來儲存 GPS 座標。

2 當 9-2 節 FirebaseDB.aia 範例取得並儲存 GPS 位置在 FirebaseDB 後，會觸發資料改變事件，我們先判斷標籤是否為「位置」而且不是空的清單，此時將取得資料的最新一筆，放入「位置字串」變數中。

3 將位置字串設定給地圖 1. 中心字串，讓地圖根據座標顯示。

4 將位置字串以逗號分隔拆開，再分別設定給標記 1 的經、緯度，讓標記可以根據座標顯示。

▌驗證執行：地圖元件程式

當您連結至模擬器或行動裝置時，請先執行上一小節的 FirebaseDB 程式範例，當畫面出現 GPS 座標後才能執行本範例，此時會根據前述的程式抓取的位置來顯示地圖及標記。

TIP 請注意：iOS系統會出現「AI Companion 出現錯誤: error: undefined variable. (irritants: yail/com.google. appinventor.components.runtime. FirebaseDB)」的錯誤。

9-4 垃圾車開到哪 (WhereAmI.aia)

出門倒垃圾是否常常遇到苦等很久或追著垃圾車跑呢，如果能事先知道垃圾車來到的時間，不就可以節省等候的情況及追著跑的現象，我們使用 9-2 節的範例來隨時記錄垃圾車的 GPS 位置，再設計一個「垃圾車開到哪」App 來顯示其位置及軌跡，這樣就能解決前述的問題了。原理很簡單，在垃圾車上執行記錄位置的 App，同時將座標傳至 FirebaseDB 資料庫，一般使用者只要安裝「垃圾車開到哪」的 App，隨時讀取 FirebaseDB 資料庫，將 GPS 座標顯示在地圖上並標記出來，再利用「線條字串」根據座標資料畫出軌跡。

線條字串元件

線條字串元件用來在地圖上繪製開放且連續的線段，透過 GeoJSON 地理空間交換格式來繪製幾何圖形，其線段格式如下：

```
[[30, 10], [10, 30], [40, 40]…]
```

其中數字只是用來表示經、緯度的座標，實際上請以 GPS 座標填入即可。

常用屬性

屬性	圖形	功能
畫線顏色	設 線條字串1 . 畫線顏色 為	設定線段的線條顏色
線寬	設 線條字串1 . 線寬 為	設定線段的線條寬度
點字串	設 線條字串1 . 點字串 為	設定繪製線段的 GeoJSON 字串

線條字串練習範例 (WhereAmI.aia)

在畫面設計上，我們以前一小節範例加上「線條字串」元件來呈現垃圾車在地圖上的軌跡。

畫面編排

1
Step
登入 App Inventor 2 後，在**專案**功能表中，按「**新增專案**」，輸入「WhereAmI」後再按「**確定**」鈕，建立一個新的專案。

2
Step
請依照下表新增元件，完成各個元件的設定(元件清單和圖示請對照上圖)。

元件類別	元件清單	元件屬性設定
	Screen1	標題→垃圾車開到哪
地圖/地圖	地圖 1	高度→填滿 寬度→填滿
地圖/標記	標記 1	不用設定
地圖/線條字串	線條字串 1	畫線顏色→灰色，線寬→6
測試性/FirebaseDB	FirebaseDB 1	Firebase URL 網址→(填入前述 FirebaseDB 網址)，專案→GPS

程式設計

1
Step
宣告 4 個變數，其功能說明如下：

❶ 初始化全域變數 位置 為 " ⬛ "

❷ 初始化全域變數 位置字串 為 " ⬛ "

❷ 初始化全域變數 位置長度 為 0

❹ 初始化全域變數 計數 為 0

❶ 宣告位置變數用來儲存 GPS 座標。

❷ 宣告位置字串變數來產生線條字串元件所需的 GeoJSON 內容。

❷ 宣告位置長度變數用來計算取得 GPS 座標的數量。

❷ 宣告計數變數用來計算產生的 GeoJSON 字串是否超出「位置長度」。

2 當 FirebaseDB 資料改變時，執行以下動作，其說明如下：
Step

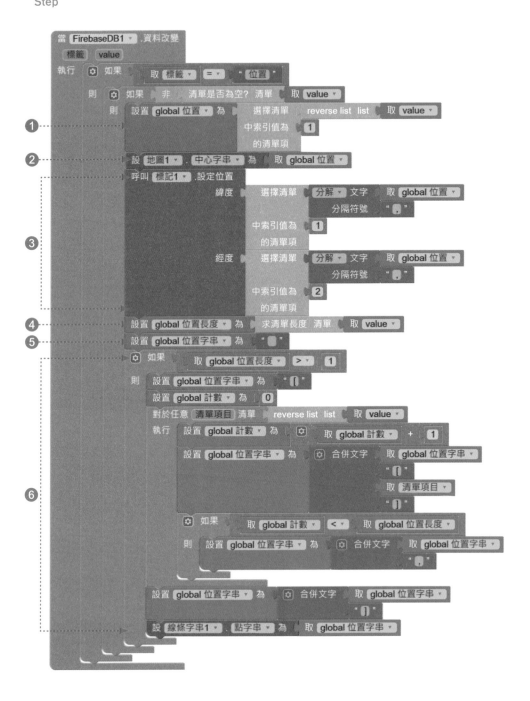

❶ 當 9-2 節 FirebaseDB.aia 範例取得並儲存 GPS 位置在 FirebaseDB 後，會觸發資料改變事件，我們先判斷標籤是否為「位置」而且不是空的清單，此時將取得資料的最新一筆，放入位置變數中。

❷ 將位置設定給地圖1. 中心字串，讓地圖根據座標顯示。

❸ 將位置以逗號分隔拆開，再分別設定給標記 1 的經、緯度，讓標記可以根據座標顯示。

❹ 計算 FirebaseDB 資料庫中儲存的 GPS 座標數量。

❺ 將位置字串變數設為空白。

❻ 如果位置長度大於 1，表示 GPS 座標有超過 1 個，此時依序將 GPS 座標轉換成 GeoJSON 格式。

驗證執行：垃圾車在哪程式

當您連結至模擬器或行動裝置時，請先執行上一小節的 FirebaseDB 程式範例，當畫面出現 GPS 座標後才能執行本範例，此時會根據前述的程式抓取的位置來顯示地圖及標記，同時繪製出其軌跡。

TIP 請注意：iOS 系統會出現「AI Companion 出現錯誤: error: undefined variable. (irritants: yail/com.google.appinventor.components.runtime.FirebaseDB)」的錯誤。

課後評量

1. (　　　) 如果**位置感測器**的屬性值**供應商名稱**為 passive，表示已經開啟 GPS 服務。

2. (　　　) 只要使用到定位功能，要顯示其位置，您的行動裝置就必須開啟 Wi-Fi。

3. (　　　) FirebaseDB 可以讓 App 的使用者彼此共享資料，儲存方式採 Key/Value 的概念。

4. (　　　) 地圖元件由 OpenStreetMap 貢獻者和美國 FBI 調查局所提供。

5. (　　　) FirebaseDB 元件中的 URL 網址是從 Firebase 官網中複製下來使用的。

6. (　　　) Firebase 元件中的專案名稱相同，則資料可以互相使用。

7. (　　　) 若要改變地圖元件中心點的位置，要設置地圖.點字串。

8. (　　　) 位置感測器固定每 60 秒更新一次位置。

9. 請比較 LocationSensor.aia 與 Map.aia 範例其顯示 Google 地圖的做法有何不同？

10. 請修改 WhereAmI.aia 範例，讓地圖中心位置以動畫改變結果？

10

條碼掃描應用－
LBS 行動導覽範例

本章學習重點

- 定位資訊的判讀
- 條碼掃描器元件
- 產生與判讀 QR Code
- 計時器及網路瀏覽器元件

課前導讀

行動定位服務 (Location Based Service；LBS) 是指行動裝置透過「Wi-Fi 或位置感測器」取得經緯度座標後，為使用者提供相關應用的一種增值服務，最常見的應用是搜尋附近有哪些好吃的餐廳、好玩的景點或所處位置的天氣、或者某個遊戲使用群位置的判斷等等，都是以此為基礎所發展出來的應用。

一般的書籍、雜誌、廣告 DM 常常都會看到如右上圖的 QR Code 二維條碼，它跟商品上一排黑白相間的一維條碼類似，但是它可以儲存更多的資訊，包括電話、地址、經緯度座標、Email…等等。

本專題結合了網路瀏覽器、位置感測器與 QR Code 二維條碼功能，開發出一個具有 LBS 概念之行動導覽功能的 App。

請設計一個 App 可以取得行動裝置所在的位置座標，並能規劃路徑，同時也具有 QR Code 掃描的能力。然後根據目前所在地點是否在 QR Code 所標記的區域，而執行不同的動作，如果在範圍內就直接顯示導覽資訊，否則的話顯示前往指定地點的路徑規劃，也可手動開啟導覽頁面或 YouTube 影音內容。

10-1 QR Code 的製作與景點定位資訊

▎景點的定位資訊判讀

在前一個專題中，我們以行動裝置上的「位置感測器」來偵測現在所處的 GPS 座標，再呼叫 Google 地圖來顯示其位置。然而如果想要知道自己是不是在某一個地點，又該怎麼做呢？我們只要在這個地點所包含的四周範圍，使用上一個專題中 LocationSensor.aia 的程式各偵測 1 次 GPS 座標，這樣就會得到 4 個座標值，再以條件判斷的程式技巧，就可以約略知道是不是在某一個地點了，為什麼是約略知道而不是確切知道呢？因為每個地點的範圍不一定是方型的，所以判斷的範圍難免會有誤差，以下就以「台北 101」的位置來解說。

首先開啟電腦版的 Google 地圖，在搜尋欄位輸入「台北 101」，再將地圖調整至適當大小，然後在該地點的四個角落**按右鍵/「這是哪裡?」** **(或直接點選經緯度值複製)**，取得 4 個位置的經緯度座標，分別是如下圖所示的 4 個位置：

1️⃣ 25.033889, 121.564486

2️⃣ 25.033894, 121.565224

3️⃣ 25.033269, 121.565227

4️⃣ 25.033289, 121.564545

有了座標範圍後，只要再以條件指令判斷取得的座標值是否介於最大值與最小值之間，這樣就可以約略得知是否在該地點了，以前例來說，如果行動裝置現在的緯度值介於 25.033269~25.033894，經度值介於 121.564486~121.565227，就表示您現在的位置是在台北 101。要留意的是，我們是以 Google 地圖來解說的，其求得座標值和真實的位置會有一點點誤差，實作時應以前一章 9-1 節的 LocationSensor.aia 所做的 App 實地量測為準。

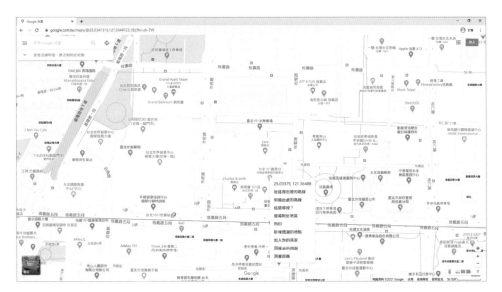

產生 QR Code

QR Code(Quick Response Code)是二維條碼的一種，是由日本公司所發明推廣的，目的是希望在條碼中放入更多資訊，並讓其內容快速被解開，故以此為名。我們要如何產生 QR Code 呢？只要從 Google 搜尋關鍵字「QR Code」就可以看到許多的網站提供此功能，此處筆者是以 QuickMark 網站來示範，其他網站的操作也大同小異。

我們將在 QR Code 中埋入導覽資訊，包括台北 101 的 4 個角落經緯度、最小與最大經緯度範圍 (用來判定是否在附近)，以及網址資料等，並分別以分號隔開，共 9 個項目的資料內容，如下列所示：

```
25.033889, 121.564486; ─┐
25.033894, 121.565224; ─┤
25.033269, 121.565227; ─┤─── 4 個角落的經緯度
25.033289, 121.564545; ─┘
25.033269; ─────────────── 最小緯度
25.033894; ─────────────── 最大緯度
121.564486; ────────────── 最小經度
121.565227; ────────────── 最大經度
http://www.taipei-101.com.tw/ ── 網址
```

TIP 也可以自行修改成其他景點的經緯度、座標範圍、網址等資訊。

請讀者先連上網站 http://www.quickmark.com.tw/cht/qrcode-datamatrix-generator/default.asp?qrLink，網站提供將各種資訊轉成 QR Code，此處我們會使用「文字」，將上述 9 項導覽相關資訊製作成 QR Code，請在左邊窗格輸入內容，在下圖右下方選擇要下載的圖片種類，按下連結即可下載，如下圖所示：

TIP 可以先將此處下載的 QR Code 存起來，待後續 10-4 節的 Guide.aia 程式使用。

10-2 條碼掃描器元件

接著要介紹**條碼掃描器**元件，此元件的**用途為掃描及讀取條碼的內容**，為一非可視元件，可透過執行掃描方法進行一維或二維條碼掃描，讀取完成後會引發掃描結束事件。元件位於**畫面編排**視窗**元件面板/感測器**內的**條碼掃描器**，事件、方法或指令則位於**程式設計視窗 Screen1/條碼掃描器1** 內，返回結果為掃描後的結果。該元件的使用必須將屬性「使用外部掃描程式」打勾取消。

常用事件

名稱	圖形	功能
掃描結束	當 條碼掃描器1 掃描結束 返回結果 執行	當 Barcode 或 QR Code 掃描結束後觸發本事件

常用方法

名稱	圖形	功能
執行條碼掃描	呼叫 條碼掃描器1 執行條碼掃描	開始掃描條碼

條碼掃描器練習範例（BarcodeScanner.aia）

我們利用條碼掃描器元件製作一個一維及二維條碼的掃描器，如果條碼內容含有經緯度座標或網址的話，則會開啟該地圖或網頁。

畫面編排

1 登入 App Inventor 2 後，在**專案**功能表中，按「**新增專案**」，輸
Step 入「BarcodeScanner」後再按「**確定**」鈕，建立一個新的專案。

2
Step
請依照下表新增元件,完成各個元件的設定 (元件清單和圖示請對照上圖)。

元件類別	元件清單	元件屬性設定
	Screen1	標題→條碼掃描器
使用者介面/按鈕	開始掃描	文字→開始掃描
使用者介面/標籤	掃描結果	文字→空白
感測器/條碼掃描器	條碼掃描器 1	使用外部掃描程式→取消打勾
通訊/Activity 啟動器	Activity 啟動器 1	Action→android.intent.action.VIEW

程式設計

1
Step
當按下「開始掃描」鈕時,呼叫條碼掃描器元件開始掃描。

2
Step
當條碼掃描結束時,使用內件方塊/文字內的檢查文字指令來判讀分析讀取到的內容,並執行不同的動作。

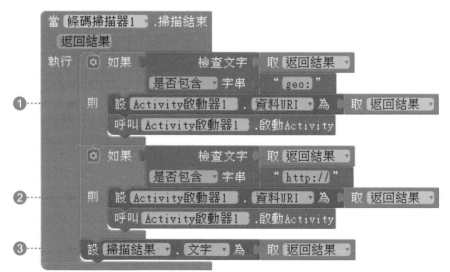

❶ 假如返回結果包含「geo:」字樣,則開啟 Google 地圖顯示位置

❷ 假如返回結果包含「http://」字樣,則開啟該網頁

❸ 將返回結果顯示在掃描結果.文字

驗證執行：條碼掃描器程式

當您連結至行動裝置時，會出現執行畫面，使用前必須先開啟 Wi-Fi 功能，當按下「開始掃描」鈕時，會呼叫條碼掃描程式進行掃描，並根據結果開啟網頁、地圖或顯示文字。

TIP 目前該程式碼在中文版會有程式載入錯誤問題，請先將 App Inventor 2 切換到 English 英文版，再執行「連線 / AI Companion 程式」就不會出錯了，這是因為「檢查文字」指令的中文化部份有問題。

讀取到 QRCode 內含的文字會直接顯示

讀取到網址會直接開啟網頁

10-3 計時器及網路瀏覽器元件

計時器元件

計時器元件就是一個用來計算時間的元件，計時終了可以觸發某個事件，也可進行各種時間單位的運算與換算。元件位於**畫面編排視窗元件面板/感測器**內的**計時器**，事件、方法或指令則位於**程式設計視窗 Screen1/計時器1** 內。

常用指令

名稱	事件	功能
計時	當 計時器1 . 計時 執行	計時器觸發時呼叫本事件

常用屬性

名稱	圖形	功能
計時間隔	設 計時器1 . 計時間隔 為	計時器之時間間隔，單位為毫秒
啟用計時	設 計時器1 . 啟用計時 為	觸發計時器與否
持續計時	設 計時器1 . 持續計時 為	本項如果為真，即便程式在背景模式執行，計時器依然會繼續觸發

常用方法

名稱	圖形	功能
取得小時	呼叫 計時器1 取得小時 時刻	傳回指定時間的小時數
取得分鐘	呼叫 計時器1 取得分鐘 時刻	傳回指定時間的分鐘數
取得秒值	呼叫 計時器1 取得秒值 時刻	傳回指定時間的秒數 (注意求秒數元件，是從 1970 開始至今的秒數)
取得當下時間	呼叫 計時器1 取得當下時間	傳回現在時間
取得年份	呼叫 計時器1 取得年份 時刻	傳回指定時間的西元年數
取得月份名	呼叫 計時器1 取得月份名 時刻	傳回指定時間的月份數

計時器練習範例 (Timer.aia)

本範例將在手機螢幕的上方標題列，抬頭顯示現在的時間 (計時間隔 =1000)：

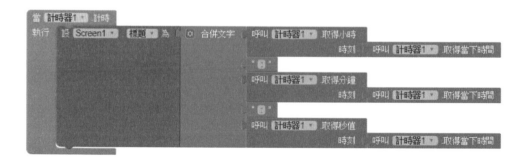

執行後，Screen1.標題會顯示目前時間如「10:25:12」。

網路瀏覽器元件

網路瀏覽器元件的作用就是瀏覽網頁，可以將網頁內容顯示在您的應用程式中，而在地圖運用中，則常將 Google Map 的網頁內容透過此元件呈現。元件位於**畫面編排**視窗**元件面板/使用者介面**內的**網路瀏覽器**，事件、方法或指令則位於**程式設計**視窗 **Screen1/網路瀏覽器1** 內。

常用事件

名稱	圖形	功能
PageLoaded	當 網路瀏覽器1 ▼ .PageLoaded URL網址 執行	當網頁載入完成執行

常用指令

名稱	圖形	功能
當前網址	網路瀏覽器1 ▼ 當前網址 ▼	取得正在瀏覽網頁的網址
首頁地址	設 網路瀏覽器1 ▼ 首頁地址 ▼ 為	設定首頁的地址

常用方法

名稱	圖形	功能
回到上一頁	呼叫 網路瀏覽器1 ▼ .回到上一頁	返回上一頁
進入下一頁	呼叫 網路瀏覽器1 ▼ .進入下一頁	前往下一頁
回首頁	呼叫 網路瀏覽器1 ▼ .回首頁	返回首頁
開啟網址	呼叫 網路瀏覽器1 ▼ .開啟網址 URL網址	前往指定網址

網路瀏覽器練習範例 (WebViewer.aia)

我們利用**網路瀏覽器**元件製作一個包含「上一頁」、「下一頁」、「首頁」、「GO」的簡易瀏覽器。

畫面編排

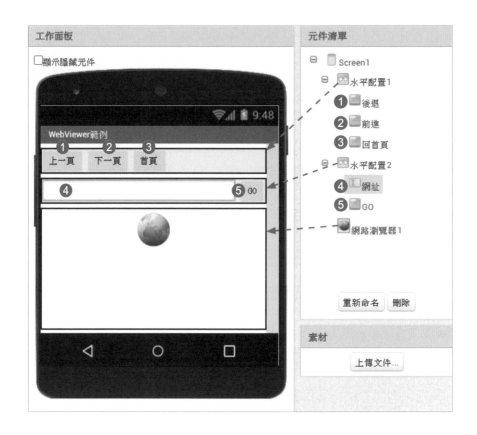

1
Step

登入 App Inventor 2 後，在**專案**功能表中，按「**新增專案**」，輸入「WebViewer」後再按「**確定**」鈕，建立一個新的專案。

2
Step

請依照下表新增元件，完成各個元件的設定 (元件清單和圖示請對照上圖)。

元件類別	元件清單	元件屬性設定
	Screen1	標題→WebViewer範例
介面配置/水平配置	水平配置 1	寬度→填滿
使用者介面/按鈕	後退	文字→上一頁
使用者介面/按鈕	前進	文字→下一頁
使用者介面/按鈕	回首頁	文字→首頁
介面配置/水平配置	水平配置 2	寬度→填滿
使用者介面/文字輸入盒	網址	提示→請輸入要前往的網址？ 寬度→填滿
使用者介面/按鈕	GO	文字→GO
使用者介面/網路瀏覽器	網路瀏覽器 1	首頁位址→https://google.com/news

程式設計

我們在設計這個簡易的瀏覽器時，將一般瀏覽器常用的上一頁、下一頁、首頁及輸入網址、前往等功能納入，實作上您會發現網路瀏覽器1.當前網址指令是取得現在網頁的網址，當我們按下「上一頁」功能時，在執行完呼叫網路瀏覽器1.回到上一頁後，如果又馬上使用網路瀏覽器1.當前網址功能，會因上一頁的網頁還沒開啟，而造成所取得的網址並非是上一頁的，因此我們將程式加以改良，加入 PageLoaded 事件來更新網址，以下是程式設計步驟。

1 **Step** 當按下 3 個功能鈕時，分別執行回到上一頁、進入下一頁、回首頁。

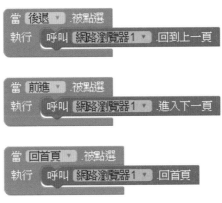

2
Step

當按下「GO」鈕時，前往文字輸入盒輸入的網址。

3
Step

當網頁載入完成時，將現在網頁的網址設定給網址.文字。

驗證執行：簡易瀏覽器

當您連結至模擬器或行動裝置時，會出現執行畫面，預設的網址為 https://google.com/news，您可以輸入想瀏覽的網址，或進行**上一頁、下一頁**及**首頁**的操作。

10-4 台北 101 行動導覽 (Guide.aia)

本專題是以台北 101 景點為範例，結合 QR Code 二維條碼做出一個行動導覽的 App，程式在讀取 QR Code 之後，可顯示相關的導覽資訊，並能依照所在位置，顯示規劃的導航路線。

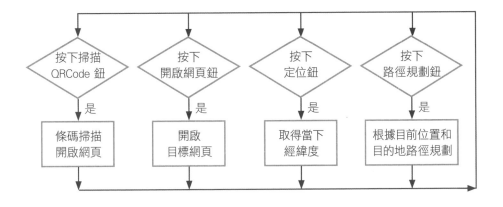

畫面編排

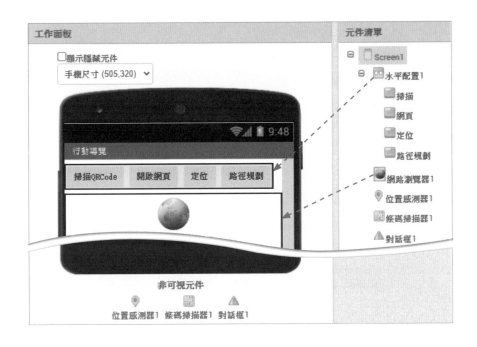

1
Step
登入 App Inventor 2 後,在**專案**功能表中,按「**新增專案**」,輸入「Guide」後再按「**確定**」鈕,建立一個新的專案。

2
Step
請依照下表新增元件,完成各個元件的設定 (元件清單和圖示請對照上圖)。

元件類別	元件清單	元件屬性設定	作用
	Screen1	標題→行動導覽	
介面配置/水平配置	水平配置 1	不用設定	
使用者介面/按鈕	掃描	文字→掃描QRCode	掃描 QRCode 鈕
使用者介面/按鈕	網頁	文字→開啟網頁 啟用→打勾取消	開啟網頁
使用者介面/按鈕	定位	文字→定位	定位按鈕
使用者介面/按鈕	路徑規劃	文字→路徑規劃 啟用→打勾取消	路徑規劃鈕
使用者介面/ 網路瀏覽器	網路瀏覽器 1	不用設定	顯示 Google 地圖或網頁
感測器/位置感測器	位置感測器 1	不用設定	取得裝置的 GPS座標
感測器/條碼掃描器	條碼掃描器 1	使用外部掃描程式→取消打勾	掃描條碼
使用者介面/對話框	對話框 1	不用設定	顯示訊息

程式設計

1
Step
宣告 QRCode 清單變數，將掃描後的結果以分號隔開儲存。

初始化全域變數 QRCode 為 建立空清單

2
Step
宣告緯度變數用以儲存所處位置的緯度，宣告經度變數用以儲存所處位置的經度。

初始化全域變數 緯度 為 0

初始化全域變數 經度 為 0

3
Step 當按下「掃描QRCode」鈕時，開始掃描條碼，掃描結束時觸發結束掃描事件。

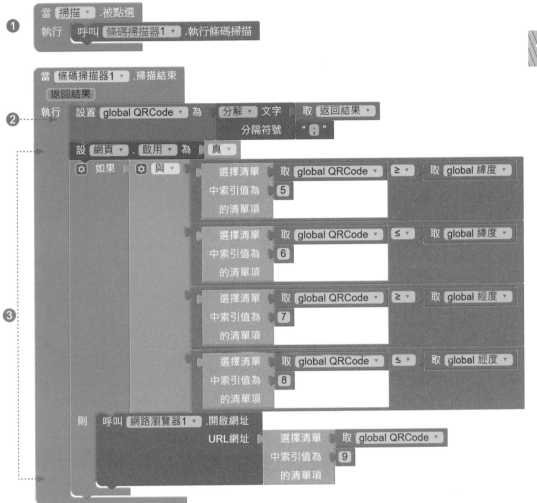

① 當按下「掃描 QRCode」鈕時，開始掃描條碼。

② 當掃描結束後，將掃描的結果以分號隔開存入 QRCode 清單變數內，同時將「開啟網頁」功能開啟。

③ 假如行動裝置取得的經緯度座標值（由 Step 5 的定位鈕功能取得），介於 QRCode 內容中第 5~8 列的範圍（也就是 10-4 頁的最大、最小經緯度），表示在該景點中，此時將自動開啟網頁。

4
Step 當按下「網頁」鈕時，先顯示「開啟中，請稍候!」的訊息，並在網路瀏覽器元件開啟網頁，因 QR Code 內的網址資料是在第 9 列，故程式的 index 值為 9。

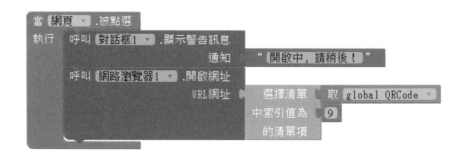

5
Step 當按下「定位」鈕時，偵測是否開啟 GPS 服務，並取得經緯度座標。

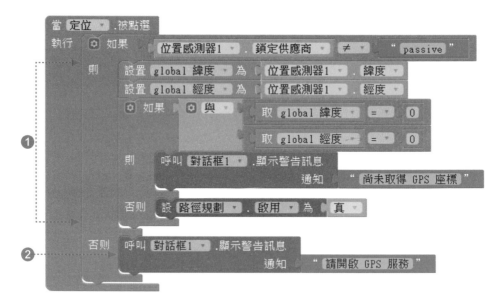

❶ 假如 GPS 供應商名稱不等於"passive"，表示可能為 gps 或 network，此時將行動裝置的經緯度分別設定給經度及緯度變數，同時假如取得的經緯度都不是 0 的話，表示有讀取到 GPS 位置，就把「路徑規劃」功能打開，否則顯示「尚未取得 GPS 座標」的訊息。

❷ GPS 供應商名稱為"passive"，表示尚未開啟 GPS 服務，此時顯示出「請開啟 GPS 服務」的訊息。

6 當按下「路徑規劃」鈕時，先顯示「規劃中，請稍候!」的訊息，
Step 並在網路瀏覽器元件顯示 Google 的路線規劃內容。

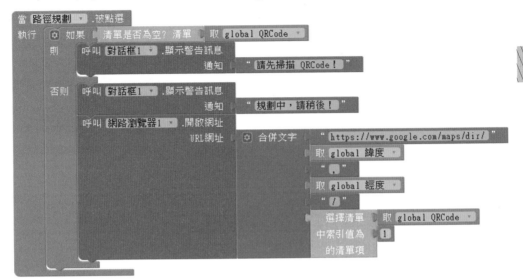

 Google 路徑規劃的表示法

要直接顯示 Google 地圖的路線規劃結果，可依照以下格式送出網址即可：

https://www.google.com/maps/dir/起始地點/目的地點

其中「地點」可以是地址、景點名稱或經緯度座標。本程式是以行動裝置所
定位的經緯度座標當起始地點，掃描 QRCode 後所得到的第 1 列資料當成
目的地點進行路線規劃。因只取第 1 個座標來用，跟實際位置會有誤差。

驗證執行：行動導覽程式

當您連結至行動裝置時，會出現執行畫面，請先按下「掃描
QRCode」，並掃描我們在第 10-4 頁製作好的 QR Code，此時可以按
下「開啟網頁」取得導覽資訊。接著您可開啟 Wi-Fi 及 GPS 服務，執行
「定位」功能，待定位完成取得經緯度座標，就可以按下「路徑規劃」，
了解從所在地點到目標景點的交通路線，請您實際測試看看。

TIP 如果您剛好有機會造訪台北 101，也可以試著先定位，掃描 QR Code 後會自動
開啟網頁。或者可以自行改以其他景點測試，重新產生 QR Code。

TIP iOS 系統目前「開啟網頁」及「路徑規劃」會出現「An error occucured when trying to load...的錯誤而無法使用,這是網路瀏覽器元件的問題,要等待官方修復。

10-5　紫外線強度 (UVI.aia)

　　在第 6 章我們已學習到如何抓取紫外線的 OPEN DATA,再加上第 9 章認識的位置感測器,我們可以拿來製作一個**根據所在位置來判斷紫外線強度**的程式,利用距離公式:**兩點經度和緯度座標差的平方和開根號**,找到最近的紫外線監測站,同時把紫外線強度 UVI 顯示出來。

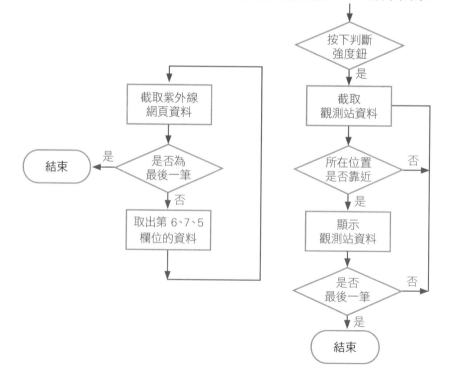

由於紫外線即時監測部份資料的經緯度值是**度分秒**，我們必須將其轉換成十進制，轉換公式如下：

x 度 y 分 z 秒 = x + y／60 + z／3600 度

畫面編排

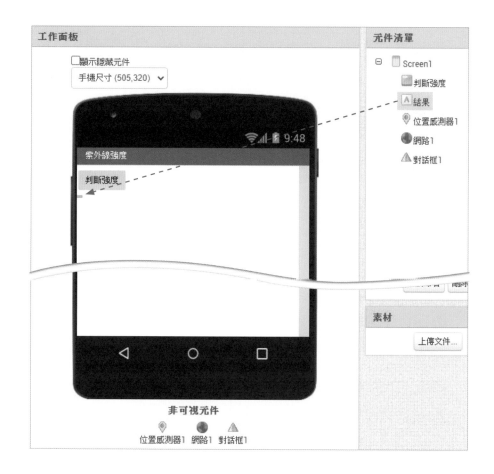

1
Step 登入 App Inventor 2 後，在**專案**功能表中，按「**新增專案**」，輸入「UVI」後再按「**確定**」鈕，建立一個新的專案。

2
Step 請依照下表新增元件，完成各個元件的設定 (元件清單和圖示請對照上圖)。

元件類別	元件清單	元件屬性設定	作用
	Screen1	標題→紫外線強度	
使用者介面/ 按鈕	判斷強度	文字→判斷強度 啟用→打勾取消	判斷強度按鈕
使用者介面/ 標籤	結果	文字→空白	顯示結果
感測器/ 位置感測器	位置感測器 1	不用設定	取得裝置 的 GPS 座標
通訊/網路	網路 1	網址→https://data.epa.gov.tw/ api/v1/uv_s_01?limit=34&api_ key=9be7b239-557b-4c10-9775- 78cadfc555e9&format=json	抓取紫外線 的 OPEN DATA
使用者介面/ 對話框	對話框 1	不用設定	顯示進度訊息

程式設計

1
Step

宣告紫外線、經緯度、UVI 及項目清單變數。

❶ **紫外線**：儲存從網路上抓取到之紫外線 JSON 格式的 OPEN DATA。

❷ **經緯度**：將紫外線清單變數內的經緯度資料從度分秒轉換成十進制並儲存。

❸ **UVI**：儲存各個監測站的紫外線強度值。

❹ **項目**：用以暫時存放計算過程中的值。

❶ 初始化全域變數 紫外線 為 ❸ 建立空清單

❷ 初始化全域變數 經緯度 為 ❸ 建立空清單

❸ 初始化全域變數 UVI 為 ❸ 建立空清單

❹ 初始化全域變數 項目 為 ❸ 建立空清單

2 宣告經度、緯度、最短距離、計算距離、索引及 i 變數。
Step

❶ 經度：將經緯度清單變數取出經度部份。

❷ 緯度：將經緯度清單變數取出緯度部份。

❸ 最短距離：儲存計算距離值的最小值。

❹ 計算距離：計算現在位置跟監測站的距離值。

❺ 索引：記錄最短距離的清單索引值。

❻ i：記錄現在的清單索引值。

❶ 初始化全域變數 **經度** 為 " "

❷ 初始化全域變數 **緯度** 為 " "

❸ 初始化全域變數 **最短距離** 為 1000

❹ 初始化全域變數 **計算距離** 為 0

❺ 初始化全域變數 **索引** 為 1

❻ 初始化全域變數 i 為 0

3 當程式一執行時先顯示進度對話框內容，同時呼叫網路1.執行GET
Step 請求，到紫外線 OPEN DATA 擷取 JSON 資料。

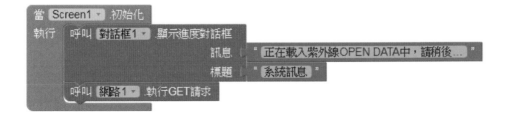

4
Step

當擷取資料完成後，呼叫**取得文字**事件，並執行以下程式碼。

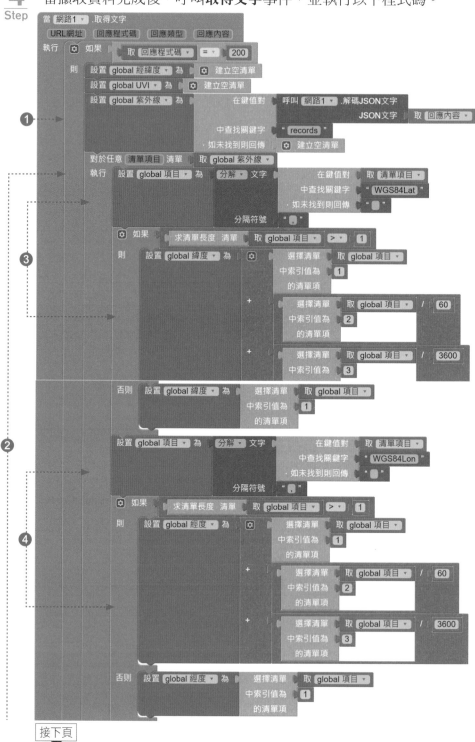

接下頁

10-24

❶ 將擷取的網頁資料經過 JSON 格式轉換，取出 records 的內容存放至紫外線清單變數。

❷ 根據紫外線清單變數的元素個數執行迴圈中 ❸ ～ ❺ 的程式碼，取得每一個選單項目。

❸ 將清單項目的 WGS84Lat（緯度值）資料取出，也就是緯度值（度分秒格式）以逗號分解存放至項目變數中，再經過轉換公式將值轉換成十進制的緯度值，否則取出第 1 個位置的內容。

❹ 將清單項目的 WGS84Lon（緯度值）資料取出，也就是經度值（度分秒格式）以逗號分解存放至項目變數中，再經過轉換公式將值轉換成十進制的經度值，否則取出第 1 個位置的內容。

❺ 將清單項目的 UVI 資料取出，也就是紫外線強度值存放至項目變數中，同時增加到 UVI 清單內。

❻ 將緯度和經度值以逗號隔開，增加到經緯度清單內。

❼ 將判斷強度鈕啟用及關閉進度對話框。

5
Step
當按下「判斷強度」鈕時，偵測是否開啟 GPS 服務，是的話呼叫計算距離副程式，不是的話顯示「請開啟 GPS 服務」的訊息。

6
Step

呼叫計算距離副程式，並執行以下程式碼。

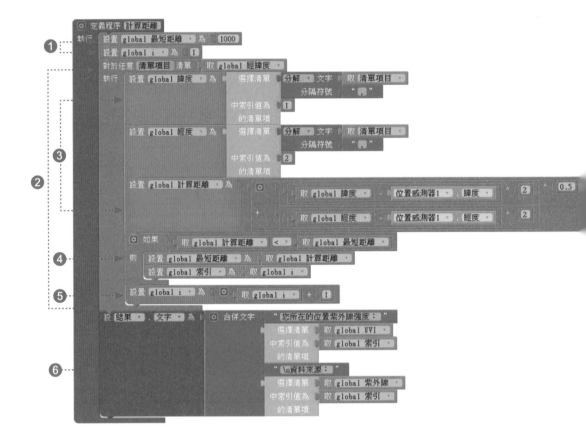

① 設置最短距離變數為 1000，變數 i 為 1。

② 根據經緯度清單變數的元素個數執行迴圈中 ③ - ⑤ 的程式碼，本例共 34 筆資料，迴圈會執行 34 次

③ 將清單項目以逗號隔開，索引值為 1 表示緯度，索引值為 2 表示經度，並跟位置感測器 1. 緯度和位置感測器 1. 經度以距離公式求出距離值存放至計算距離變數內。

④ 判斷計算距離的值是否小於最短距離的值，如果是的話將計算距離設為最短距離，同時將索引變數設置為 i 變數。

⑤ 將變數 i 累加 1，表示資料筆數的索引。

⑥ 在螢幕顯示「您所在的位置紫外線強度：xx」，xx 表示 UVI 值，及換行後顯示「資料來源：xx」，xx 表示最近的紫外線監測站 OPEN DATA。

驗證執行：紫外線強度程式

當您連結至行動裝置時，會出現執行進度對話框畫面，表示正在擷取紫外線的即時監測資料，完成後會啟用「**判斷強度**」按鈕，當您按下「判斷強度」鈕時，會自動偵測到最近的監測站資料。

TIP 請注意在模擬器上無法讀取該網站資料，會出現 Error1101 錯誤訊息，實體裝置則不會。

在模擬器按下**判斷強度**後
等很久都看不到結果

實體手機的執行畫面

課後評量

1. (　　　) **行動定位服務** (Location Based Service; LBS) 所使用的元件為位置感測器。

2. (　　　) 條碼掃描器元件可以在模擬器和行動裝置上使用。

3. (　　　) QR Code (Quick Response Code) 二維條碼是韓國人發明的。

4. (　　　) Google 地圖的路線規劃功能其格式如下：https://www.google.com/maps/dir/起始地點/目的地點。

5. (　　　) 條碼掃描器可以顯示文字資料。

6. 請根據 Guide.aia 的原理與做法，製作出一個「阿里山國家風景區」，其網址為 http://www.ali-nsa.net 的行動導覽 App，並含 QR Code 二維條碼產生。

7. 如果要讓 Guide.aia 程式增加可以讀取 QR Code 內的介紹文字，並在螢幕顯示出來，又具備原有的「掃描 QR Code」、「開啟網頁」、「定位」、「路徑規劃」等功能，請問在程式上以及 QR Code 該如何設計與產生呢？

8. 請根據右表將 UVI.aia 程式顯示的紫外線強度改成右表說明文字顯示。

紫外線指數	說明
0~2	低量級
3~5	中量級
6~7	高量級
8~10	過量級
11+	危險級

9. 紫外線強度 UVI.aia 程式如果執行一段時間後，當您按下「判斷強度」鈕時，其紫外線的 OPEN DATA 並不會自動更新，請問該如何改良程式，使其可以維持最新的紫外線監測資料？

10. 為什麼 WebViewer.aia 範例要加入 PageLoaded 元件，其作用為何？

11

多重畫面與方向感測器應用－氣球遊戲範例

本章學習重點

- 多重畫面
- 方向感測器元件
- 動畫元件

課前導讀

Angry Bird 憤怒鳥遊戲是芬蘭 Rovio 公司所推出的手機遊戲，堪稱是最早針對手機特性設計的觸控型遊戲，之後陸續又有其他許多廠商針對智慧型手機平台開發出大受歡迎的遊戲，例如：King 遊戲公司的 Candy Crash、港台風行的神魔之塔、傳説對決、英雄聯盟、Free Fire 等，都很成功。除了單純觸控遊戲外，手機中有許多的感測器可以運用，如加

速度感測器、位置感測器、方向感測器等，因此也有很多運用不同感測器所做的遊戲，供大家下載試玩，本章將以方向感測器所發展出的簡單遊戲。

本章將以方向感測器做為控制氣球的飄移速度，氣球不得碰觸障礙物，否則就會破掉。配合增加螢幕加入多重畫面的方式，做出 2 個遊戲關卡，遊戲中氣球碰到障礙物會有氣球破掉的音效，到達目的地也會有過關音效，以增加遊戲的趣味性。

11-1 多重畫面的應用

　　一般遊戲在設計時，會從第「1」關開始，隨著遊戲進展來增加關卡的數目，數字越大代表難度越高，讓玩家可以做不同階段性的挑戰。在 App Inventor 2 中我們可以透過**畫面編排**畫面內的「**新增螢幕**」與「**刪除螢幕**」兩個按鈕來增加或刪除應用程式畫面，每個畫面可以設計成不同關卡。

　　切換各個關卡畫面是由程式預設的 Screen1 來選擇，每個 Screen 畫面除第 1 個必須是 Screen1 外，其他新增的畫面名稱是可以自行命名的，目前不支援中文，如下圖所示我們就新增的畫面名稱改為 "Game1"、"Game2"，分別代表第 1 關和第 2 關。

指令說明

　　每個增加螢幕代表一個獨立的畫面，其程式設計也是完全獨立的，而在**程式設計**視窗中**內件方塊/流程控制**內有許多相關的控制指令，通常是透過開啟另一螢幕及關閉螢幕指令來切換和關閉不同的畫面，以下是每個畫面的相關指令，稍後我們再以實際範例來示範。

指令	說明
開啟另一螢幕 螢幕名稱	開啟指定的螢幕，參數**螢幕名稱**為要開啟的螢幕
開啟其他畫面並傳值 螢幕名稱 初始值	開啟指定的螢幕並傳給起始值，參數**螢幕名稱**為要開啟的螢幕名稱，**初始值**為欲傳入的起始值
取得初始值	傳回開啟螢幕的初始值
關閉螢幕	關閉目前螢幕，同時會觸發當Screen1.關閉螢幕…執行事件
關閉螢幕並回傳值 回傳值	關閉這個螢幕，並傳回一個回傳值
退出程式	關閉 App 程式
取得初始文字	傳回開啟螢幕的初始文字
關閉螢幕並回傳文字 文字	關閉這個螢幕，並傳回一個文字內容

多重畫面練習範例（MultiScreen.aia）

　　當我們想要製作一個比較龐大的 App 系統時，為了簡化設計流程，可以將系統分割成幾個小系統，只要逐漸完成各個小系統，整個系統就可以大功告成了，這種方式就叫「**分割擊破法**」。以下就以一個「趣味數學」的問題系統來介紹多重畫面的用法，主畫面為「趣味數學」，「第一題」、「第二題」則為「趣味數學」題目的子系統，每個子系統就是一個畫面，如下圖所示，由左至右共有 3 個畫面。

畫面編排

1
Step
登入 App Inventor 2 後，在**專案**功能表中，按「**新增專案**」，輸入「MultiScreen」後再按「**確定**」鈕，建立一個新的專案，並在「**新增螢幕**」新增「Question1」、「Question2」兩個畫面。

2 Step 請依照下表新增元件，完成各個元件的設定(元件清單和圖示請對照上圖)。

● **Screen1 螢幕：**

元件類別	元件清單	元件屬性設定
	Screen1	水平對齊→置中 標題→趣味數學
使用者介面/標籤	標籤 1	字體大小→16 文字→只有 IQ200 的人，才會答對的題目
使用者介面/按鈕	按鈕 1	文字→開始

● **Question1 螢幕：**

元件類別	元件清單	元件屬性設定
	Question1	水平對齊→置中 標題→第一題
使用者介面/標籤	標籤 1	字體大小→16 文字→奶茶大放送，2 個空瓶可換 1 瓶奶茶。小明手上的錢可買到 4 瓶，請問他最多可喝到幾瓶奶茶呢？
介面配置/水平配置	水平配置 1	不用設定
使用者介面/按鈕	按鈕 1	文字→7 瓶
使用者介面/按鈕	按鈕 2	文字→8 瓶
使用者介面/對話框	對話框 1	不用設定

TIP 買到 4 瓶奶茶喝完後，用 4 個空瓶跟老闆換 2 瓶奶茶，喝完再用 2 個空瓶跟老闆換 1 瓶奶茶，最後先跟老闆借 1 瓶奶茶, 後續再用 2 個空瓶還老闆抵銷借的 1 瓶，所以總共喝到 4+2+1+1=8 瓶。

● **Question2 螢幕：**

元件類別	元件清單	元件屬性設定
	Question2	水平對齊→置中 標題→第二題
使用者介面/標籤	標籤 1	字體大小→16 文字→1＋1×0等於多少
介面配置/水平配置	水平配置 1	不用設定
使用者介面/按鈕	按鈕 1	文字→0
使用者介面/按鈕	按鈕 2	文字→1
使用者介面/對話框	對話框 1	不用設定

TIP 1. iOS 系統對於高度設為自動時，畫面顯示常常會有位置跑掉問題。您可以透過設定固定的高度值來克服。

2. iOS 系統的多重畫面功能目前還無法正常運作。

程式設計

本範例有 3 個畫面，分別是 Screen1、Question1 和 Question2。主程式是由 Screen1 畫面開始，設計者可在 Screen1 內撰寫程式開啟另一螢幕 Question1 表示開啟第一題的畫面，而在 Question1 內撰寫程式關閉螢幕回到 Screen1 中，不過由於我們在 Question1 中設定最後回傳值為 "2"，因此回到 Screen1 畫面後會再切換到 Question2，程式畫面的切換就是如此進行的。

● **Screen1 螢幕：**

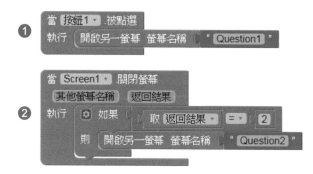

❶ 當按下「開始」鈕時，開啟「Question1」螢幕。

❷ 當其他螢幕關閉時，假如返回結果=2，則開啟「Question2」螢幕。

● **Question1 螢幕：**

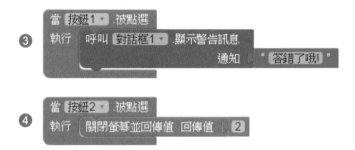

❸ 當按下「7 瓶」鈕時，顯示「答錯了哦!」的訊息。

❹ 當按下「8 瓶」鈕時，關閉現在的螢幕，同時回傳值 2 才能進到 Question2。

● **Question2 螢幕：**

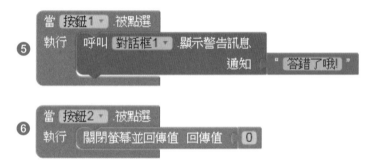

❺ 當按下「0」鈕時，顯示「答錯了哦!」的訊息。

❻ 當按下「1」鈕時，關閉現在的螢幕，同時回傳值 0。

11-2　方向感測器元件

　　方向感測器為非可視元件，是**用來確定手機在空間中的方位**，元件位於**畫面編排**視窗中**元件面板/感測器/方向感測器**，事件或指令位於**程式設計**視窗中 Screen1/**方向感測器1** 內。

　　方向感測器元件和第 5 章介紹的加速度感應器有點像，不過加速度感應器通常用來偵測行動裝置受到加速度影響的程度，而方向感測器元件則是偵測手機轉動的方向。

　　方向感測器會傳回 3 個不同的值，如下圖所示，其中**翻轉角**是繞著 Y 軸旋轉，**傾斜角**是繞著 X 軸旋轉，順著旋轉箭頭方向為正，**方位角**是繞著 Z 軸旋轉，其值是順著旋轉箭頭由 0~360 度，詳細說明如下：

● **傾斜角俯仰 (X)**：裝置水平放置時為 0 度；裝置向前端傾斜 (尾巴較高) 時會漸增到 90 度，反之則逐漸減到 -90 度。

● **翻轉角滾翻 (Y)**：裝置水平放置時為 0 度；裝置向左側傾斜 (右側較高) 時會漸增到 90 度，反之則逐漸減到 -90 度。

● **方位角方位 (Z)**：當裝置立起朝向北方時為 0 度，東方為 90 度，南方為 180 度，西方為 270 度。

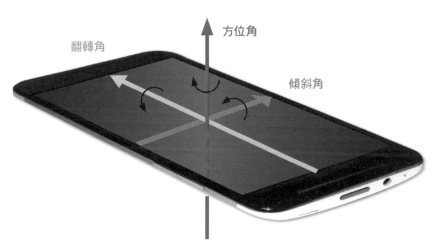

事件說明

您可以使用當方向感測器1.方向變化…執行事件來偵測行動裝置轉動方向的變化,當回傳的數值有所改變,即可執行特定的程式碼。

事件	說明
	方向感測器改變方向時呼叫本事件

方向感測器練習範例 (OrientationSensor.aia)

方向感測器的 3 個回傳值:**方位角**表示裝置之東、西、南、北 4 個方位、**傾斜角**表示行動裝置之前傾或後仰、**翻轉角**表示裝置之左右傾斜,我們以範例來說明這 3 種情形。

畫面編排

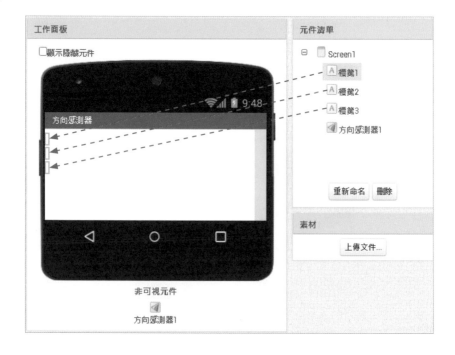

1
Step
登入 App Inventor 2 後，在**專案**功能表中，按「**新增專案**」，輸入「OrientationSensor」後再按「**確定**」鈕，建立一個新的專案。

2
Step
請依照下表新增元件，完成各個元件的設定 (元件清單和圖示請對照上圖)。

元件清單	元件屬性設定
Screen1	標題→方向感測器
標籤 1	文字→空白不寫
標籤 2	文字→空白不寫
標籤 3	文字→空白不寫
方向感測器 1	不用設定

▍程式設計

這個範例是為了測試方向感測器的 3 個回傳值。

1
Step
因傾斜角是繞 **X** 軸旋轉，故傾斜角值大於 0 表示行動裝置的尾巴抬起，呈現向前傾狀態，小於 0 則表示向後仰。

2
Step
因翻轉角是繞 **Y** 軸旋轉，故翻轉角值大於 0 表示行動裝置的右邊抬起，呈現向左傾狀態，小於 0 則表示向右傾。

3
Step
原本方位角值為 90 度表示朝東，而我們在程式上是以 90 度左右各 45 度來判斷是否為朝東，也就是 45 度 ~ 135 度。

4
Step
同理 135 度 ~ 225 度表示朝南，225 度 ~ 315 度表示朝西，而 0 度 ~ 45 度或大於 315 度表示朝北。

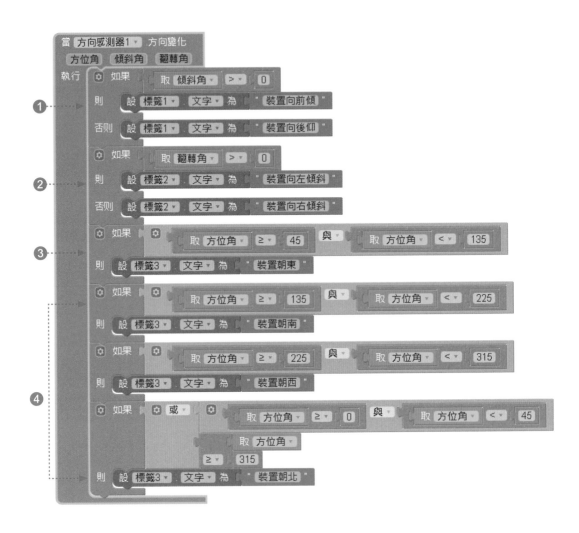

TIP iOS 系統執行上會出現 Error 100300 的錯誤訊息，而且只有方位角是正確的，其他功能無法正常運作。

11-3 動畫元件

動畫元件包括**畫面編排**視窗內**繪圖動畫/球形精靈**及**圖像精靈**兩個元件。

球形精靈元件

為一個球形的動畫元件，必須放置於畫布中，當它被碰觸、移動、與其他動畫元件互動、或與畫布邊緣接觸時，會引發不同事件執行對應的動作。球形精靈元件也可以透過調整屬性讓其移動，例如讓一個球形精靈元件每 500 毫秒，往畫布上緣移動 4 個像素，此時您可以設定速度屬性為 4，間隔屬性為 500，方向屬性為 90 和啟用屬性為真。

常用事件

事件	說明
當 球形精靈1 ▾ .碰撞 其他精靈 執行	當動畫元件碰撞時呼叫本事件

常用方法

方法	說明
呼叫 球形精靈1 ▾ 移動到指定位置 x座標 y座標	將球型精靈移動到指定座標 x, y

圖像精靈元件

為一個圖像的動畫物件，必須放置於畫布中，當它被碰觸、移動、與其他動畫元件互動、或與畫布邊緣接觸時，會引發不同事件執行對應的動作。也可以透過調整屬性讓其移動，例如要讓一個圖像精靈元件每秒往左移動 10 個像素，您可以設定速度屬性為 10，間隔屬性為 1000，方向屬性為 180 和啟用屬性為真。圖像精靈元件可以透過上傳圖片來改變其外觀，但球形精靈元件只能用顏色和大小改變外觀。

常用事件

事件	說明
當 圖像精靈1 .碰撞 其他精靈 執行	當動畫元件碰撞時呼叫本事件

常用方法

事件	說明
呼叫 圖像精靈1 .移動到指定位置 x座標 y座標	將圖像精靈移動到指定座標 x, y

11-4 氣球遊戲 (Ball.aia)

本範例將以方向感測器做為控制氣球的飄移速度，共 3 個畫面 (Screen1 主畫面、Game1 第 1 關畫面、Game2 第 2 關畫面)，包含 2 個遊戲關卡。其程式運作是從 Screen1 開始，當按下「開始遊戲」時就會開啟 Game1 第 1 關畫面，如果第 1 關破關了，就會再開啟 Game2 第 2 關的畫面。

每個關卡的球形精靈元件做為破關之目的地，圖像精靈元件則做為木棍障礙物，氣球碰觸障礙物會破掉，同時有破掉的音效與畫面，而到達目的地也會有過關的音效。底下將針對這 3 個畫面分別解說其螢幕配置、畫面編排視窗與程式設計視窗的內容，其中 Game1 與 Game2 程式碼相當類似，所以只解說 Game1 的部份，Game2 部份請自行觀看。

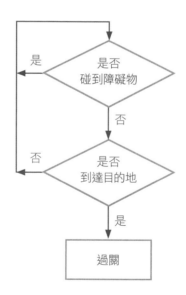

遊戲主畫面(Screen1)

畫面編排

1
Step
登入 App Inventor 2 後，在**專案**功能表中，按「**新增專案**」，輸入「Ball」後再按「**確定**」鈕，建立一個新的專案，並在「新增螢幕」新增「Game 1」、「Game2」兩個螢幕。

2
Step
請依照下表新增元件，完成各個元件的設定 (元件清單和圖示請對照上圖)。

元件類別	元件清單	元件屬性設定
	Screen1	水平對齊→置中 畫面方向→鎖定直式畫面 標題→氣球遊戲
使用者介面/標籤	標籤 1	字體大小→20 文字→空白
使用者介面/圖像	圖像 1	高度→50 像素 寬度→填滿 圖片→ball.png
使用者介面/標籤	標籤 2	字體大小→20 文字→遊戲說明：\n1、氣球不能碰到木條，否則會爆。\n2、氣球抵達綠色的位置就過關！\n 文字顏色→洋紅
使用者介面/按鈕	按鈕 1	文字→開始遊戲 文字顏色→藍色
使用者介面/對話框	對話框 1	不用設定

3
Step
最後在素材框架下點選「上傳文件」，上傳 boom.png 圖片。

程式設計

這個畫面的功能，按下開始遊戲鈕就切換到關卡 1 的畫面：

1
Step

當按下「開始遊戲」鈕時，開啟「Game1」螢幕，進入第一關遊戲。

2
Step

當其他螢幕關閉時，假如返回結果等於 0，則顯示過關訊息。假如返回結果等於 2，開啟「Game2」螢幕，進入第二關遊戲。

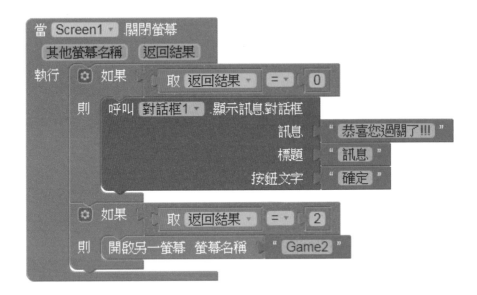

Game1 第 1 關畫面

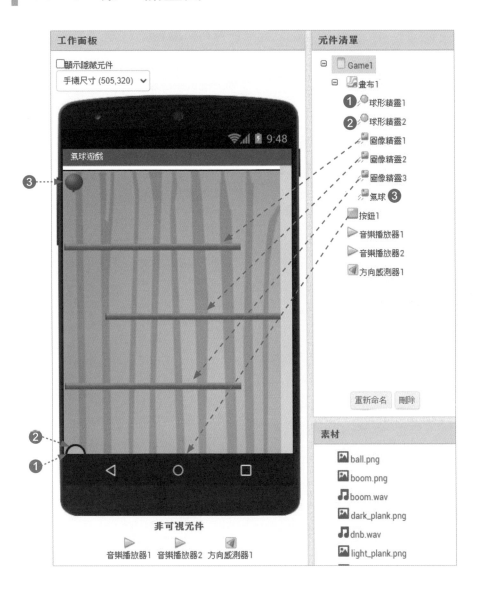

畫面編排

　　請切換至 Game1 螢幕，並依照下表新增元件，完成各個元件的設定
(元件清單和圖示請對照上圖)。

元件類別	元件清單	元件屬性設定
	Game1	水平對齊→置中 標題→氣球遊戲 螢幕方向→鎖定直式畫面
繪圖動畫/畫布	畫布 1	背景圖片→Light_plank.png 高度→420 像素 寬度→320 像素
繪圖動畫/球形精靈	球形精靈 1	半徑→15 X 座標→0 Y 座標→390
繪圖動畫/球形精靈	球形精靈 2	啟用→打勾取消 畫筆顏色→綠色 半徑→12 X 座標→3 Y 座標→393
繪圖動畫/圖像精靈	圖像精靈 1	寬度→260 像素 圖片→stick1.png X 座標→0 Y 座標→100
繪圖動畫/圖像精靈	圖像精靈 2	寬度→260 像素 圖片→stick1.png X 座標→60 Y 座標→200
繪圖動畫/圖像精靈	圖像精靈 3	寬度→260 像素 圖片→stick1.png X 座標→0 Y 座標→300
繪圖動畫/圖像精靈	氣球	圖片→ball.png 速度→1 X 座標→0 Y 座標→0
使用者介面/按鈕	按鈕 1	字體大小→20 寬度→填滿 圖片→dark_plank.png 文字→第一關 文字顏色→黃色
多媒體/音樂播放器	音樂播放器 1	來源→boom.wav 音量→100
多媒體/音樂播放器	音樂播放器 2	來源→dnb.wav 音量→100
感測器/方向感測器	方向感測器 1	不用設定

程式設計

1 當方向感測器方向改變時，氣球會飄向感測器改變的方向，其位置的x座標=X座標+翻轉角/9，y座標=Y座標+音調/9 (音調為 AI2
Step 中文版翻譯錯誤，原文為 Pitch 正確翻譯應該是傾斜角)，如果想要讓氣球的移動變大則將數字 9 改小一點即可。

2 當球形精靈1 元件碰觸時，表示到達目地的，過關。首先讓方向感測器關閉，再將氣球位置移至過關 (0, 390) 位置，同時播放音樂播
Step 放器2 過關音樂。

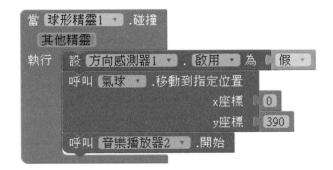

3 當音樂播放器2 過關音樂播放完畢時，關閉 Game1 畫面並回傳值 2，準備進入第二關。
Step 值 2，準備進入第二關。

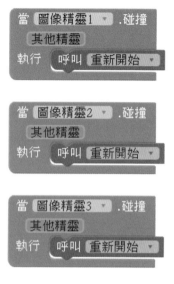

4 Step 當圖像精靈1~圖像精靈3 元件被碰觸時，表示氣球碰到障礙物，此時呼叫重新開始副程式。

5 Step 執行重新開始副程式時，會先將方向感測器關閉，再顯示氣球破掉圖片，同時播放音樂播放器1 氣球破掉音效。

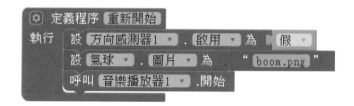

6 Step 當音樂播放器1 氣球破掉音效播放完畢時，顯示氣球圖片，位置移至 (0, 0) 起點，同時將方向感測器打開。

Game2 第 2 關畫面

畫面編排

請切換至 Game2 螢幕，並依照下表新增元件，完成各個元件的設定 (元件清單和圖示請對照上圖)。

元件類別	元件清單	元件屬性設定
	Game2	水平對齊→置中 螢幕方向→鎖定直式畫面 標題→氣球遊戲
繪圖動畫/畫布	畫布 1	寬度→320 像素 高度→420 像素 背景圖片→Light_plank.png
繪圖動畫/球形精靈	球形精靈 1	半徑→15 X 座標→290 Y 座標→0
繪圖動畫/球形精靈	球形精靈 2	半徑→12 X 座標→293 Y 座標→3 畫筆顏色→綠色 啟用→打勾取消
繪圖動畫/圖像精靈	圖像精靈 1	圖片→stick2.png X 座標→80 Y 座標→0 高度→260 像素
繪圖動畫/圖像精靈	圖像精靈 2	圖片→stick2.png X 座標→160 Y 座標→160 高度→260 像素
繪圖動畫/圖像精靈	圖像精靈 3	圖片→stick2.png X 座標→240 Y 座標→0 高度→260 像素
繪圖動畫/圖像精靈	氣球	圖片→ball.png X 座標→0 Y 座標→0 速度→1
使用者介面/按鈕	按鈕 1	圖片→dark_plank.png 字體大小→20 文字→第二關 文字顏色→黃色 寬度→填滿
多媒體/音樂播放器	音樂播放器 1	來源→boom.wav 音量→100
多媒體/音樂播放器	音樂播放器 2	來源→dnb.wav 音量→100
感測器/方向感測器	方向感測器 1	不用設定

至於程式碼內容和第 1 關畫面類似，請您自行參照，完整程式碼如下：

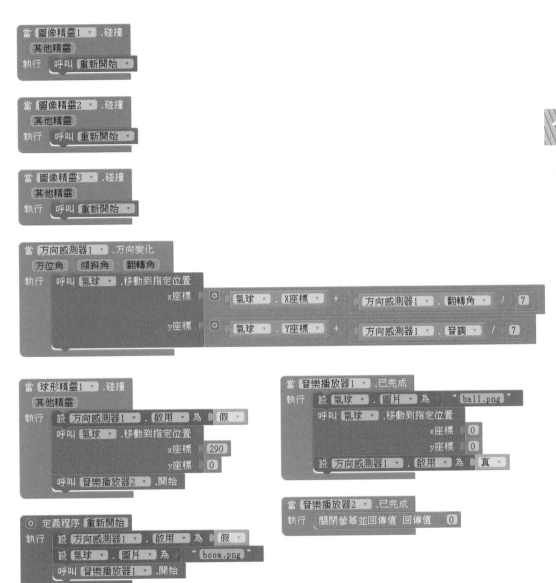

驗證執行：氣球遊戲

當您連結至模擬器或行動裝置時，按下「開始遊戲」後會出現如右畫面，您可以動手玩看看，從第一關開始至所有關卡都完成。

TIP 如果按下「開始遊戲」就已過關，表示球型精靈 2 元件的啟用屬性打勾沒取消。另外，iOS 系統執行時功能會異常，如無法切換畫面，方向感測器無作用⋯等。

課後補給站！

在 Ball.aia 範例中，螢幕 Game1 和 Game2 的程式十分相似，讀者可以在 11-20 頁的程式碼可使用右上角的**背包**功能：先到 Game1 的程式設計畫面，將一樣的程式碼**按右鍵/增加至背包(x)**，其中 x 表示您已經複製程式碼數量；或在空白處**按右鍵/複製所有程式方塊到背包**，再到 Game2 的程式設計畫面空白處**按右鍵/拿出背包中所有程式方塊(x)**即可，最後做適當修改，如下圖所示。

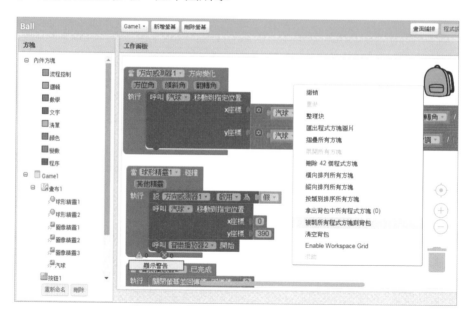

課後評量

1. (　　　) 在多重畫面中要關閉目前的畫面，所用之指令為 退出程式 。

2. (　　　) **方向感測器**元件當裝置朝向北方時方位角方位為 0 度。

3. (　　　) **方向感測器**元件翻轉角表示裝置之左右傾斜。

4. (　　　) **動畫**元件中球形精靈元件可透過上傳圖檔來改變其外觀。

5. (　　　) **圖像精靈**元件其間隔屬性單位為毫秒 (1/1000 秒)。

6. (　　　) 多重畫面的 MultiScreen.aia 範例是利用回傳值來判斷並顯示螢幕。

7. (　　　) 方向感測器只有方位角沒有負值。

8. (　　　) 動畫中的球形精靈也可以改變移動速度。

9. 為什麼明明氣球還差一點才碰到障礙物木棍，卻仍然會破掉呢？

10. 如果氣球不是用飄移的，而是要用滾動的，程式碼該如何修改呢？

MEMO

12

雲端資料存取─
課堂表決器範例

本章學習重點

● 網路微型資料庫元件

● Google Chart API

課前導讀

課堂表決器是透過電子設備(如遙控器、手機、平板電腦等),讓課堂中學生可以即時將意見反映給任課老師的一套教學回饋系統,分為學生端和老師端兩個部份,操作時是老師提問題,學生在設備上回應答案,老師再從主機端得知學生答題狀況。隨著智慧型手機的流行,我們可以透過 App Inventor 2 的網路微型資料庫元件再結合 Google Chart API 圖表功能,便可以設計出一套課堂表決器系統。

學生端的手機要安裝「課堂表決器」App,老師端則要安裝「作答結果」App,學生只要執行「課堂表決器」,然後再從 4 個選項中做出選擇,答案會送至雲端伺服器儲存,老師則可以從「作答結果」App 即時觀看學生的作答狀況。

請設計一個可以在課堂表決及觀看結果的 App，每個行動裝置都安裝，使用時先登錄座號，再按下選項表決，最後由另一個 App 觀看表決結果。

12-1 網路微型資料庫元件

網路微型資料庫元件的用途和第 8 章介紹的微型資料庫相同，採用 Key/Value 的觀念，都是用來儲存資料，差別在於網路微型資料庫是將資料儲存到網路上，而非行動裝置本機上。網路微型資料庫的儲存位置預設是使用 App Inventor 2 所提供的網路空間，網址是 http://tinywebdb.appinventor.mit.edu (後續會詳細說明)，在存取上會有 250 筆，每筆最多 500 字元的限制，而且要特別注意相同 tag (標籤) 的資料被覆蓋的情況。

網路微型資料庫元件位於**畫面編排/元件面板/資料儲存/網路微型資料庫**，方法則位於**程式設計**視窗內 **Screen1/網路微型資料庫1** 內。

> **TIP** 您也可以自行架設個人專屬的網路微型資料庫伺服器，可免除存取筆數限制的問題，有需要的讀者可參考以下網址的說明：
> **http://ai2.appinventor.mit.edu/reference/other/tinywebdb.html**

▌常用方法

網路微型資料庫存取資料的方式和微型資料庫類似，每筆資料會有一個標籤，只要使用對應的取出、存入方法，就可以存取各個標籤的內容。

方法	圖形	功能
取得數值	呼叫 網路微型資料庫1 ▼ .取得數值 標籤	取得指定標籤的資料，**標籤**參數必須是文字字串，當執行後會觸發取得數值事件
儲存數值	呼叫 網路微型資料庫1 ▼ .儲存數值 標籤 儲存值	以指定的標籤儲存一筆資料，**標籤**參數必須是文字字串；**儲存值**可以為字串或清單，完成後會觸發數值儲存完畢事件

▌常用事件

事件	圖形	功能
取得數值	當 網路微型資料庫1 ▼ .取得數值 網路資料庫標籤 網路資料庫數值 執行	在執行取得數值方法後觸發本事件，**網路資料庫標籤**表示讀取到的標籤內容，**網路資料庫數值**表示讀取到的資料值
數值儲存完畢	當 網路微型資料庫1 ▼ .數值儲存完畢 執行	當網路微型資料庫儲存完資料觸發本事件，可用來提示訊息
發生 Web 服務故障	當 網路微型資料庫1 ▼ .Web服務故障 訊息 執行	當網路服務發生錯誤時觸發本事件，可從消息得知訊息內容

網路微型資料庫練習範例 (TinyWebDB.aia)

以下我們以網路微型資料庫元件設計一個儲存資料的範例，當程式執行輸入資料並按下「儲存」後，可配合 http://tinywebdb.appinventor. mit.edu 的網址來觀察資料儲存狀況，按下 **getvalue** 連結後，再輸入標籤的名稱，則可查看資料儲存的情況。

> **TIP** 使用新版本的 TinyWebDB 時，如果標籤名稱或資料是中文字的話，從 App 執行後再取出來會出現亂碼，但單從下面的網站測試則不會有這個現象，因此標籤請使用英文。

12
雲端資料存取—課堂表決器範例

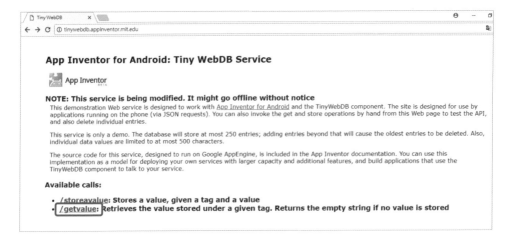

點擊　　　輸入標籤名稱

此為之前別人儲存的 Value

畫面編排

1
Step

登入 App Inventor 2 後，在**專案**功能表中，按「**新增專案**」，輸入「TinyWebDB」後再按「**確定**」鈕，建立一個新的專案。

2
Step

請依照下表新增元件，完成各個元件的設定(元件清單和圖示請對照下圖)。

元件類別	元件清單	元件屬性設定
	Screen1	標題→網路微型資料庫範例
介面配置/水平配置	水平配置 1	不用設定
使用者介面/文字輸入盒	文字輸入盒 1	提示→請輸入資料
使用者介面/按鈕	儲存	文字→儲存
使用者介面/按鈕	顯示	文字→顯示
使用者介面/標籤	結果	文字→空白
資料儲存/網路微型資料庫	網路微型資料庫 1	不用設定
使用者介面/對話框	對話框 1	

程式設計

　　程式內容是透過 AI2 實作一個 App，將資料存至雲端伺服器，再取出來顯示在 App 畫面上。

1
Step
當按下「儲存」鈕時，將**文字輸入盒1** 元件的資料以**測試**標籤透過網路微型資料庫元件儲存至雲端伺服器。

2
Step
當儲存完成時顯示「儲存完成」訊息。

3
Step
當按下「顯示」鈕時，呼叫取得數值方法取得**測試**標籤的資料值。

4
Step
每次呼叫取得數值方法都會觸發取得數值事件，為了能辨識所要取得的資料，我們必須以如果…則程式判斷網路資料庫標籤是否為讀取的標籤，如果是就直接取出網路資料庫數值的值即可。

驗證執行

　　當您連結至模擬器或行動裝置時，會出現執行畫面，請隨意輸入一個字串，按下「儲存」鈕將資料儲存至雲端伺服器，按下「顯示」鈕從雲端伺服器取出資料。請注意！如果輸入資料為中文字的話，顯示結果會出現亂碼。

TIP iOS 系統可以儲存數值，但取得數值（也就是顯示鈕）的功能目前沒有作用。

顯示儲存的值

資料儲存至
資料庫

因為我們使用的是網路微型資料庫元件所預設之雲端伺服器 http://tinywebdb.appinventor.mit.edu，且標籤名稱也是任意取的「test」，因此在操作的過程中，可能發生標籤資料被覆蓋的情形，這是因為大家共用同一個雲端伺服器，而且標籤又取一樣的名稱，未來在使用時請特別留意。

12-2 課堂表決器 (Vote.aia)

課堂表決器系統共分成兩個部份，一是學生端「Vote.aia」課堂表決器 App，一是老師端「Answer.aia」作答結果 App。

TIP 目前該程式碼在中文版會有程式載入錯誤問題，請先將 AI2 切換到 English 英文版後，再執行「連線 / AI Companion 程式」即可運作，這是因為「檢查文字」指令的中文化部份有問題。

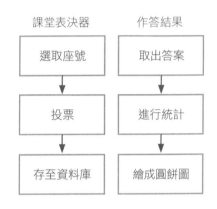

課堂表決器的作法是先透過清單選擇器元件讓學生選擇自己的座號，之後畫面會出現 4 個按鈕表示 4 個選項，學生可從中作出選擇，經由網路儲存至雲端伺服器，如下圖所示，其中清單選擇器1 元件是為了讓讀者可以看得到才顯示出來的，實際上是看不到的。

畫面編排

1
登入 App Inventor 2 後，在**專案**功能表中，按「**新增專案**」，輸入「Vote」後再按「**確定**」鈕，建立一個新的專案。

2
請依照下表新增元件，完成各個元件的設定 (元件清單和圖示請對照上圖)。

元件類別	元件清單	元件屬性設定	作用
	Screen1	標題→課堂表決器 水平對齊→置中	
使用者介面/標籤	座號	文字→空白 文字顏色→藍色 字體大小→30	顯示座號訊息
介面配置/表格配置	表格配置 1	不用設定	
使用者介面/按鈕	答案 1	字體大小→30 文字→1 寬度→150 像素 高度→150 像素	答案 1
使用者介面/按鈕	答案 2	字體大小→30 文字→2 寬度→150 像素 高度→150 像素	答案 2
使用者介面/按鈕	答案 3	字體大小→30 文字→3 寬度→150 像素 高度→150 像素	答案 3
使用者介面/按鈕	答案 4	字體大小→30 文字→4 寬度→150 像素 高度→150 像素	答案 4
使用者介面/清單選擇器	清單選擇器 1	可見性→打勾取消	設定座號
資料儲存/網路微型資料庫	網路微型資料庫 1	不用設定	資料庫
使用者介面/對話框	對話框 1	不用設定	顯示訊息

程式設計

1
Step
宣告 5 個變數，其用途與功能如下所述：

❶ 初始化全域變數 答案 為 0

❷ 初始化全域變數 座號 為 0

❸ 初始化全域變數 表決答案 為 建立空清單

❹ 初始化全域變數 表決座號 為 建立空清單

❺ 初始化全域變數 是否表決 為 假

❶ 宣告答案變數用以記錄使用者表決的選擇。
❷ 宣告座號變數用以記錄使用者的座號。
❸ 宣告表決答案清單變數用以儲存投票的結果。
❹ 宣告表決座號清單變數用以儲存座號清單。
❺ 宣告是否表決變數用以辨識是否已經投票表決。

2
Step
當程式開始執行時，將數字 1~5 放入表決座號清單變數內，同時開啟清單選擇器，在選取完選項時將選取的內容設定給變數座號，也在座號.文字顯示訊息。

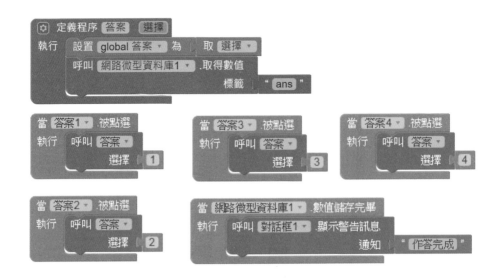

當 Screen1 初始化
執行 對於任意 數字 範圍從 1
              到 5
          每次增加 1
      執行 增加清單項目 清單 取 global 表決座號
                        item 取 數字
      設 清單選擇器1 . 元素 為 取 global 表決座號
      呼叫 清單選擇器1 .開啟選取器

當 清單選擇器1 選擇完成
執行 設置 global 座號 為 清單選擇器1 . 選中項
      設 座號 . 文字 為 合併文字 取 global 座號
                                      " 號同學請作答\n "

3 當呼叫答案副程式時,將傳入參數**選擇**設定給答案變數,當答案
Step 「1」~「4」按下後呼叫答案副程式,同時傳入數字 1~4;當網路
微型資料庫元件資料儲存時,顯示「作答完成」訊息。

定義程序 答案 選擇
執行 設置 global 答案 為 取 選擇
      呼叫 網路微型資料庫1 .取得數值
                      標籤 " ans "

當 答案1 被點選
執行 呼叫 答案
        選擇 1

當 答案3 被點選
執行 呼叫 答案
        選擇 3

當 答案4 被點選
執行 呼叫 答案
        選擇 4

當 答案2 被點選
執行 呼叫 答案
        選擇 2

當 網路微型資料庫1 數值儲存完畢
執行 呼叫 對話框1 .顯示警告訊息
                通知 " 作答完成 "

4

Step

當呼叫取得數值方法時，會觸發以下事件。

❶ 假如讀取的網路資料庫數值是空的，則將現在的座號及答案以 ans 標籤儲存。

❷ 將讀取的網路資料庫數值設定給表決答案清單變數。

❸ 將是否表決變數設為 False，表示作答的人尚未投票過。

❹ 將存在雲端伺服器的投票人資料，一一和座號比對，如果有包含在內，表示已經投票過了，則將是否表決變數設為真。

❺ 假如是否表決等於真，則顯示「您已經作答!」的訊息。

❻ 假如是否表決不等於真，則將現在的座號及答案加入表決答案清單中，同時儲存至雲端伺服器。

12-3 課堂表決的統計結果介面 (Answer.aia)

　　上一節的範例我們製作的是表決器，當各個行動裝置作答之後，結果會儲存於我們指定的網路微型資料庫上，本節則要將網路微型資料庫元件中的作答資料取出，並統計答題結果，將結果以 Google Chart API 繪成圓餅圖。

Google Chart API

　　Google Chart API 是一個雲端的圖表工具，它透過網址的方式，輕易地繪出像 Excel 那般的統計圖表，如直條圖、折線圖、圓餅圖…等各式各樣的圖表，其格式如下(其中參數與參數之間請以「&」符號隔開)：

```
https://chart.googleapis.com/chart?參數
```

　　常用的 Google Chart API 參數如下表所列：

參數	說明
cht	圖表種類，bvs: 直條圖，lc: 折線圖，p: 圓形圖，p3: 立體圓形圖，例如 cht=p3
chs	圖表大小，表示方式為寬度 x 高度，其單位為像素，例如 chs=250x100
chd	圖表資料，資料與資料之間以「,」隔開，例如 chd=t:30, 40, 30，表示有 3 筆資料
chl	圖表標籤，標籤文字與標籤文字之間以「|」隔開，例如 chl=Red|Blue|Green，標籤文字必須與圖表資料的個數一樣

畫面編排

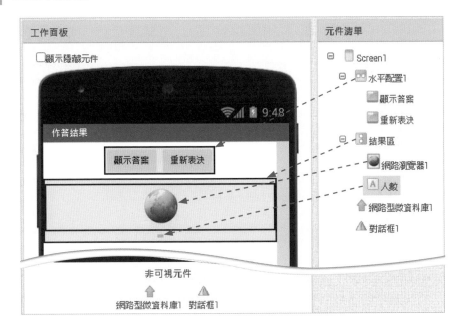

1
Step
登入 App Inventor 2 後，在**專案**功能表中，按「**新增專案**」，輸入「Answer」後再按「**確定**」鈕，建立一個新的專案。

2
Step
請依照下表新增元件，完成各個元件的設定 (元件清單和圖示請對照上圖)。

元件類別	元件清單	元件屬性設定	作用
	Screen1	標題→作答結果 水平對齊→置中	
介面配置/水平配置	水平配置 1	不用設定	
使用者介面/按鈕	顯示答案	文字→顯示結果	顯示結果
使用者介面/按鈕	重新表決	文字→重新表決	重新表決
介面配置/垂直配置	結果區	水平對齊→置中 高度→填滿 寬度→填滿	
使用者介面/網路瀏覽器	網路瀏覽器 1	不用設定	顯示圓形圖
使用者介面/標籤	人數	字體大小→20 文字→空白	顯示答案情況
資料儲存/網路微型資料庫	網路微型資料庫 1	不用設定	資料庫
使用者介面/對話框	對話框 1	不用設定	顯示訊息

程式設計

1
Step
宣告 4 個變數，分別用來儲存選擇答案 1~4 的人數，預設值都設為 0。

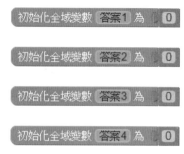

2
Step
宣告**答案**清單變數用以儲存答案清單。

初始化全域變數 [答案] 為 ▶ ⚙ 建立空清單

3
Step
當程式開始執行或按下「顯示答案」鈕時，呼叫取得數值方法取得 **ans** 標籤的資料，當按下「重新表決」鈕時，將 **ans** 標籤以空字串儲存，儲存完成時會出現「資料已清除」的訊息。

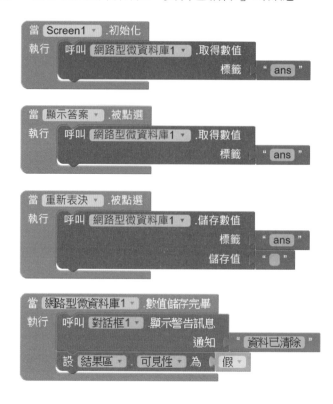

4
Step

當呼叫取得數值方法後觸發以下事件，將投票結果繪製成圓餅圖。

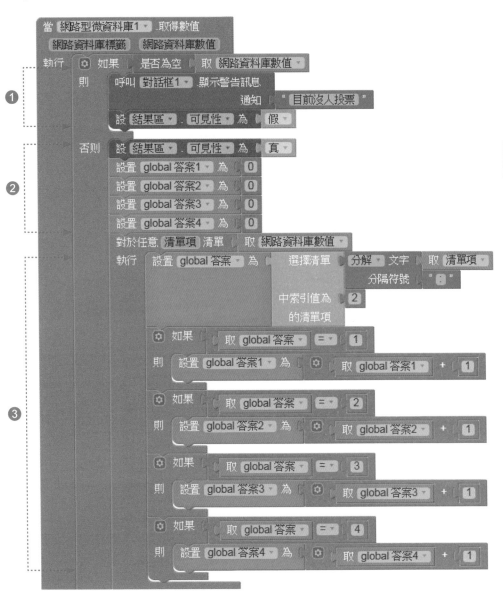

❶假如讀取的網路資料庫數值是空的，顯示「目前沒有人投票」訊息，同時將結果區關閉。

❷若有從網路資料庫數值收到資料，將**結果區**打開，同時將變數答案 1~4 設為 0。

❸將取得網路資料庫數值內容的第 2 欄資料，也就是答案各自累加計算。

接下頁

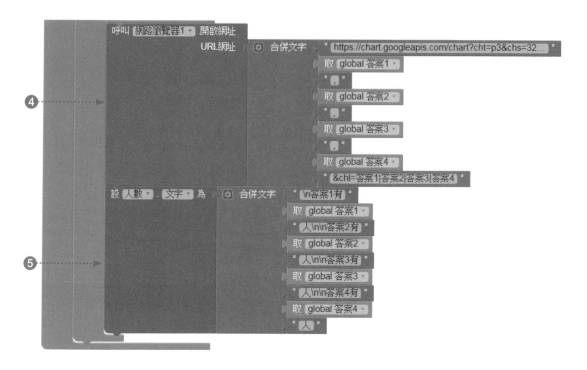

④ 透過**網路瀏覽器**元件將 320x160 的立體圓形圖顯示出來。
(完整網址 https://chart.googleapis.com/chart?cht=p3&chs=320x160&chd=t:)

⑤ 將各答案累加人數在人數.文字顯示。

驗證執行：投票表決程式

當您連結至模擬器或行動裝置時，會出現執行畫面，您可以先用 Vote.aia 進行投票表決，再以 Answer.aia 觀看結果，要注意的是程式一開始執行時畫面反應會有些延遲，這是因為我們設計的功能都是透過網路進行存取，所以需要時間來反應。

TIP iOS 系統可以儲存數值，但取得數值的功能目前沒有作用。

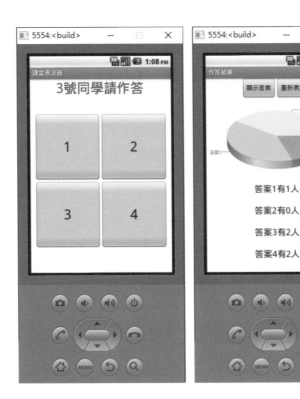

12-4 其他雲端資料庫

我們在第 8 章介紹如何使用**微型資料庫**來建立常用的通訊錄內容，第 9 章利用 FirebaseDB 來儲存 GPS 座標位置，以及本章運用**網路微型資料庫**做出課堂表決器的例子，都是使用資料庫來達到這些功能，其實 **AI2** 的資料庫元件還有一個 CloudDB 元件，另外也可使用第三方開發的介面來操作 **SQLite 資料庫**，以下我們將一一簡單介紹其用法，讀者可依用法改寫程式。

CloudDB 元件

CloudDB 元件為 2017 年底新增的資料庫元件，**是一個非可視元件，可以讓 App 的使用者彼此共享資料**，其功能與程式寫法和 **FirebaseDB** 一樣；讀者可以自行到 https://redis.io 官網下載軟體來架設 Redis 伺服器，透過設定屬性 **RidesServer 及 RidesPort** 來使用自己的伺服器，**目前不支援中文標籤及儲存值。**

CloudDB 元件位於**畫面編排**視窗內**元件面板/資料儲存**內的 **CloudDB**，方法則位於**程式設計**視窗內 **Screen1/CloudDB1** 內。

常用方法

方法	圖形	功能
取得數值	呼叫 CloudDB1 · 取得數值 標籤 無標籤時之回傳值	取得指定標籤的資料，**標籤**參數必須是文字字串，當執行後會觸發取得數值事件
儲存數值	呼叫 CloudDB1 · 儲存數值 標籤 儲存值	以指定的標籤儲存一筆資料，**標籤**參數必須是文字字串；**儲存值**可以字串或清單，完成後會觸發資料改變事件

常用事件

事件	圖形	功能
取得數值	當 CloudDB1 · 取得數值 標籤 value 執行	在執行取得數值方法後觸發本事件，**標籤**表示讀取到的標籤內容，**value** 表示讀取到的資料值
資料改變	當 CloudDB1 · 資料改變 標籤 value 執行	當 CloudDB 儲存完資料觸發本事件，可用來提示訊息

SQLite 資料庫

透過 https://puravidaapps.com/sqlite.php 網站購買 **SQlite Extension** 軟體就能夠讓 AI2 存取 **SQLite 資料庫**，讀者可以參考網站上的教學及作法即可，目前官方的售價為 10 元美金。

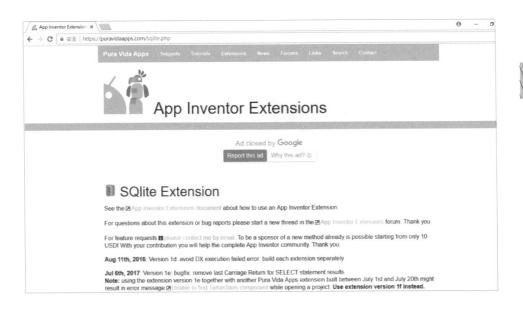

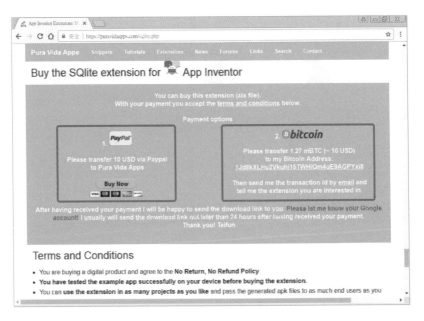

課後評量

1. (　　　) 網路微型資料庫在資料存取上有 1000 筆的上限。

2. (　　　) 呼叫網路微型資料庫1.取得數值方法會觸發網路微型資料庫 1.取得數值事件。

3. (　　　) Google Chart API 參數中的 cht 表示圖表的大小。

4. (　　　) 網路微型資料庫元件預設的伺服器為 http://tinywebdb. appinventor.mit.edu。

5. (　　　) FirebaseDB、網路微型資料庫、CloudDB、SQLite 資料庫 都是 App Inventor 能使用的雲端資料庫。

6. (　　　) 新版的 TinyWebDB 網路微型資料庫無法輸出中文字。

7. 範例 Vote.aia 程式目前只能給 5 位同學作答，請問如何改成 50 位同學 可以作答？

8. 如果同學在執行 Vote.aia 後選取好座號，也投票表決了，後來才發現選 錯了，請問這對課堂表決器系統有何影響？該如何解決？

9. 請將課堂表決器系統以 **FirebaseDB 元件**取代**網路微型資料庫元件**，重 新改寫程式。

10. 試試看，如何避免 TinyWebDB.aia 的標籤資料被覆蓋？

13

人工智慧 PIC 元件－猜拳辨識器

本章學習重點

- 認識人工智慧
- 訓練及測試模型
- 學習下載及匯入 Extension 元件
- 實作猜拳辨識器

課前導讀

日常生活中已有許多人工智慧的應用，如停車場的車牌辨識、手機的刷臉付款/解鎖、汽車的自動駕駛等等，我們使用 MIT AI2 的 **PersonalImageClassifier**，簡稱 **PIC 元件**來實作猜拳辨識器，透過標籤已知的拳（手勢影像）加以訓練，進而預測未知的拳（手勢影像），達到人工智慧的功能。只要準確度夠高便能做出生活化的應用，如辨識有無戴口罩、辨識路面是否損壞，再以 GPS 回報位置…

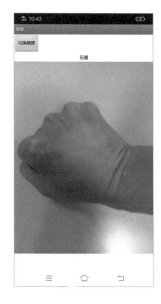

本章節我們會試著用 AI2 擴展的 PersonalImageClassifier 元件，建立出能夠辨識出「剪刀、石頭、布」的猜拳辨識器。

13-1 App Inventor 的人工智慧擴展元件

根據維基百科的說法：「**人工智慧 Artificial Intelligence** (簡稱 AI) 指透過普通電腦程式來呈現人類智慧的技術」。最常使用的方式就是「**機器學習** (ML)」，它是一種讓電腦能夠自行從資料中學習到規則的演算法，通常其過程會有下列幾個步驟：

❶ 先蒐集大量的樣本資料。

❷ 找出資料的特徵並訓練模型。

❸ 透過訓練的模型進行辨識。

蒐集資料 ➡ 訓練模型 ➡ 進行辨識

麻省理工學院 (MIT) 在 App Inventor 2 建構了幾個關於機器學習的 Extension (擴展) 元件，其網址為 https://mit-cml.github.io/extensions，讓我們可以從**影像** (PersonalImageClassifier，簡稱 **PIC**)、**聲音** (PersonalAudioClassifier，簡稱 **PAC**) 或**姿態** (PosenetExtension) 元件進行分類辨識和姿態偵測，底下就我們以「猜拳」範例來教導大家機器學習中分類辨識的做法。

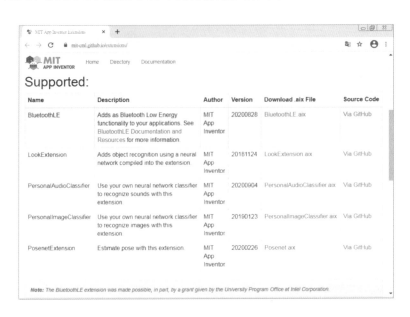

1. 請注意：並非所有的行動裝置都能支援這些 AI 擴展元件，您可以到以下的網址來查看 https://appinventor.mit.edu/explore/ai-compatible-devices (此網頁只有列出測試的手機型號及作業系統版本，並不代表未列上去的就是無法使用) 或由該頁面上的 LookTest.apk 自行安裝測試 (若無畫面則表示無法使用)。

2. 目前 iOS 系統會出現執行階段錯誤 [error: undefined variable.(irritants: yail/edu.mit. appinventor.ai.personalimageclassifier.PersonalImageClassifier)]，無法使用該元件功能。

猜拳辨識器

猜拳辨識器是讓手機根據您出的拳來辨識「剪刀、石頭、布」，我們採用官網所提供的「Personal Image Classifier」https://classifier. appinventor.mit.edu 網站來蒐集影像並訓練模型，然後下載訓練好的模型，搭配 PersonalImageClassifier 元件讓您撰寫程式進行猜拳辨識，其流程如下：

蒐集影像 訓練模型 ➡ 下載訓練好 的模型 ➡ 搭配 PIC 元件 進行辨識

蒐集影像訓練模型

使用瀏覽器連線至 https://classifier.appinventor.mit.edu 網站，操作步驟如下：

1 **Step** 請按下「+」鈕，輸入第 1 個標籤名稱「**剪刀**」，完成後按 Enter 鍵。

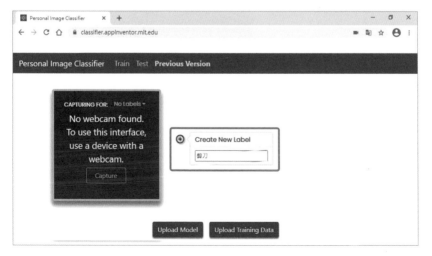

2
Step 再依序按下「＋」鈕，分別建立「**石頭、布、請出拳**」等 3 個標籤名稱。

為什麼多一個「請出拳」名稱呢？因為如果只有「剪刀、石頭、布」3 個標籤名稱的話，那麼所有的影像將只會被歸類成這 3 個，如果您都沒出拳時，也會被歸類在這 3 個分類內；或者也可以說多一個背景或是無法識別的類別，所以此處想辨識 n 種影像，建議訓練 n+1 個分類。不過網站並沒有強制一定要這樣做，就讓讀者自行測試看看哪種效果比較好。

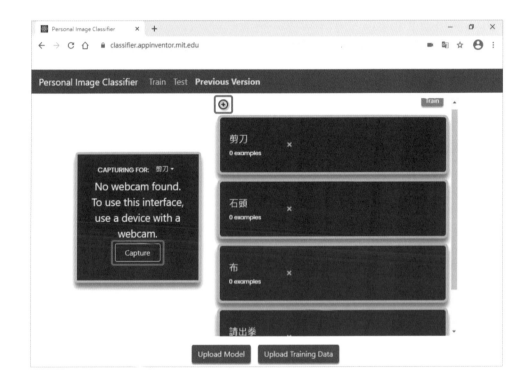

3
Step 請按下「**Capture**」鈕，截取標籤為「**剪刀**」的手勢影像，請至少截取 5~10 張，手勢儘量有遠近或不同角度。

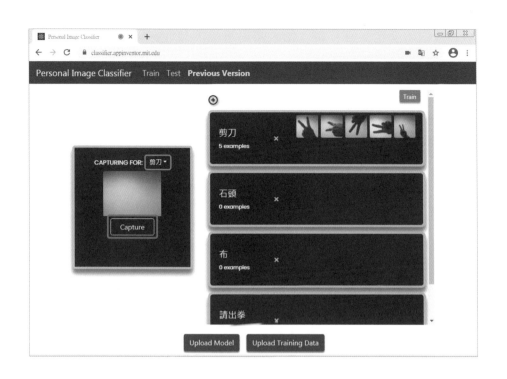

4
Step

將標籤「**剪刀**」切換到「**石頭**」，然後截取標籤為「**石頭**」的手勢
影像 5~10 張。

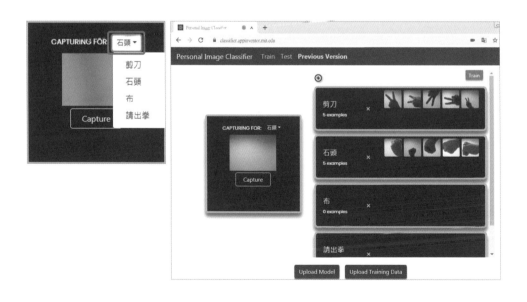

5
Step 繼續切換到標籤「**布**」和「**請出拳**」，截取影像 (其中「**請出拳**」直接截取背景即可)。

6
Step 按下「**Train**」鈕來訓練剛剛截取的影像內容。

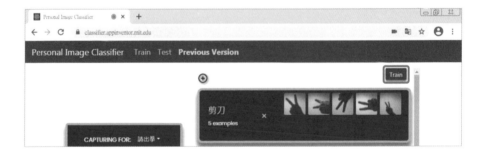

7 **Step** 請按下「**Train Model**」鈕,並使用預設的值來訓練模型。

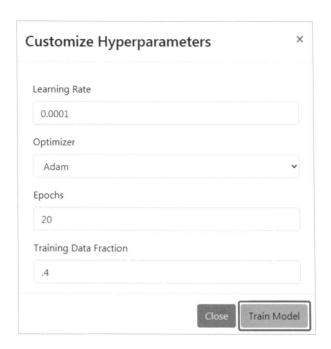

TIP 上圖各欄位的數值是模型的參數 (AI 術語稱為超參數),通常沿用預設值即可,若想確實了解參數的意義可參考旗標出版的「深度學習的 16 堂課」一書。

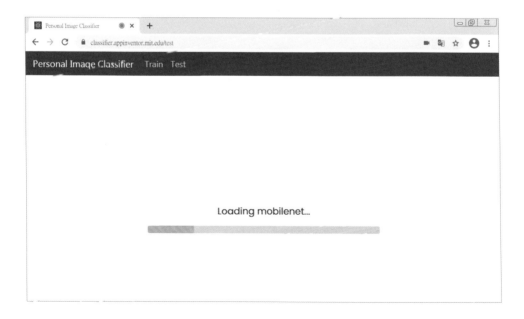

8
Step
訓練好之後會自動切換至「**Test**」網頁，此時請按「**Capture**」鈕來測試，在畫面最右邊會出現辨識結果，讀者可以將滑鼠移到右側結果看辨識的詳細內容 (如果辨識不準確時，建議請重新蒐集與訓練或增加影像截取張數，或改用手機拍攝重新來過)。

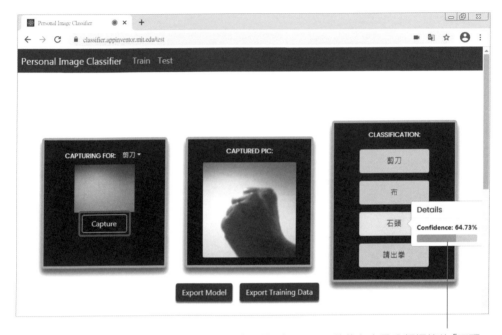

意思是，有 64.73% 的信心度是分類標籤的「石頭」

9
Step
請按上圖的「**Export Model**」鈕，匯出訓練好的模型檔，其檔名為 **model.mdl**，這個檔案是 PersonalImageClassifier 元件屬性 Model 要上傳的。

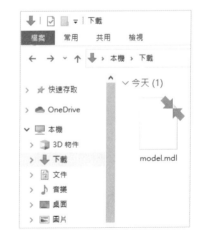

TIP 上述介紹的步驟是以電腦版網頁操作的，如果您是使用手機版，在開啟瀏覽器時請選擇右上角 ⋮ 電腦版網站，這樣畫面才是完整的，而匯出的模型檔，其檔名為 model.zip，請將它改名為 model.mdl 即可。

13-2 猜拳辨識器 (Guess.aia)

下載及匯入 Extension 元件

App Inventor 2 的擴展元件要另外匯入才能使用，請至「https://mit-cml.github.io/extensions」下載「**PersonalImageClassifier.aix** (後續簡稱為 PIC 元件)」，接著登入 App Inventor 2，**專案**功能表中，按下「**新增專案**」，輸入「**Guess**」後再按「**確定**」鈕，建立一個新的專案，點選「**Extension/Import Extension**」，請選擇剛剛下載的 **.aix** 檔案，再按「**Import**」鈕匯入元件。

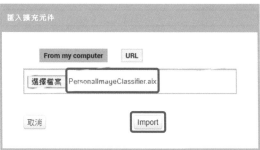

TIP 稍待一會兒，即可在 Extension 中看到 PIC 元件。

畫面編排

請依照下表新增元件，完成各個元件的設定 (元件清單和圖示請對照上圖)。

元件類別	元件清單	元件屬性設定
	Screen1	標題→猜拳
使用者介面/按鈕	鏡頭	文字→切換鏡頭
使用者介面/標籤	訊息	文字→空白 寬度→填滿 文字對齊→置中
使用者介面/網路瀏覽器	網路瀏覽器1	
Extension/ PersonalImageClassifier	PersonalImageClassifier1	Model→ 請上傳「Model.mdl」 WebViewer→網路瀏覽器1
感測器/計時器	計時器1	啟用計時→打勾取消

程式設計

Step 1
當 PIC 元件準備好（PersonalImageClassifier1.ClassfierReady）時，顯示「影像辨識開始」訊息，再將計時器1.啟用計時設為真。

```
當 PersonalImageClassifier1 ▼ .ClassifierReady
執行    設 訊息 ▼ . 文字 ▼ 為      " 影像辨識開始 "
        設 計時器1 ▼ . 啟用計時 ▼ 為    真
```

Step 2
計時器每 1 秒呼叫 PIC 元件辨識影像資料（PersonalImage Classifier1.ClassfyVideoData） 1 次。

```
當 計時器1 ▼ .計時
執行    呼叫 PersonalImageClassifier1 ▼ .ClassifyVideoData
```

Step 3
按下「切換鏡頭」鈕時，切換前後方的相機鏡頭（PersonalImage Classifier1.ToggleCameraFacingMode）。

```
當 鏡頭 ▼ .被點選
執行    呼叫 PersonalImageClassifier1 ▼ .ToggleCameraFacingMode
```

Step 4
若 PIC 元件辨識發生錯誤（PersonalImageClassifier1.Error）時，則傳回錯誤代碼（errorCode）。

```
當 PersonalImageClassifier1 ▼ .Error
   errorCode
執行    設 訊息 ▼ . 文字 ▼ 為    取 errorCode ▼
```

Step 5
辨識完成時（PersonalImageClassifier1.GotClassification）會將結果放在「返回結果」內，我們將第 1 個清單的第 1 個元素取出，顯示在「訊息」標籤。

```
當 PersonalImageClassifier1 ▼ .GotClassification
   返回結果
執行    設 訊息 ▼ . 文字 ▼ 為      選擇清單        選擇清單    取 返回結果 ▼
                                  中索引值為   1
                                  的清單項
                        中索引值為   1
                        的清單項
```

讀者可以修改上述的 Step5 的程式碼，然後觀察從「返回結果」的值，發現 PIC 元件辨識完成傳回的資料為一個二維清單，內含當初訓練的「**標籤名稱**」與「**信心度**」，其中會有幾個標籤名稱端看您訓練時所增加的數量，格式如下參考範例，信心度比較大的會放在第 1 個位置：

```
當 PersonalImageClassifier1 ▼ .GotClassification
  返回結果
執行  設 訊息 ▼ . 文字 ▼ 為  取 返回結果 ▼
```

```
[ [剪刀, 0.91368] , [石頭, 0.21865], [布, 0.13129], [請出拳, 0.01486]]
```

驗證執行

　　由於「猜拳」辨識會使用到相機功能，所以您需要採用「打包 apk」的方式安裝至行動裝置，即可出現以下執行畫面，再者並非所有的手機均能支援 PIC 元件的功能，您可以參考 13-3 頁所提供的網址來查驗手機是否能運作，或自行測試 (通常會出現畫面就表示 OK，若出現 -1、-3、-5 等 errorCode 結果，表示不支援此 PIC 元件)。

TIP　本章範例因為有使用到擴展元件 (PIC)，因此無法上傳到 AI2 的 Gallery。

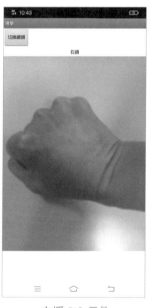

支援 PIC 元件　　　　　　不支援 PIC 元件

課後評量

1. (　　　) PersonalImageClassifier 擴展元件，簡稱 PIC，是做為影像辨識用的。

2. (　　　) 機器學習的步驟為 蒐集資料 → 訓練模型 → 進行辨識 。

3. (　　　) 所有的行動裝置都能支援 AI2 的 AI 擴展元件。

4. (　　　) https://classifier.appinventor.mit.edu 網站只能在電腦的瀏覽器使用，無法在手機上操作。

5. (　　　) PIC 元件辨識完成傳回的資料為一個一維清單，第 1 個元素為標籤名稱。

6. (　　　) 如果在建立模型時分成貓、狗兩個類別，在測試時給予任何圖片都會依信心度分在貓、狗其中一個類別中。

7. (　　　) PIC 元件辨識完成後，會依信心度將較大者放在輸出結果的第一個位置。

8. (　　　) 若要切換裝置的前、後鏡頭，就要呼叫 PIC 元件的 ToggleCameraFacingMode 方法。

9. 請您以「戴口罩」及「沒口罩」2 種情況，使用 https://classifier.appinventor.mit.edu 網站來蒐集資料訓練模型並進行辨識 (先不用撰寫程式)。

10. 請您將上述訓練好的模型下載，撰寫程式變成 APP 來辨識來人是否有戴口罩。

MEMO